W0260164

Themenhefte

SCHWERPUNKTPROGRAMM **UMWELT**
SCHWEIZ. NATIONALFONDS ZUR FÖRDERUNG DER WISSENSCHAFTLICHEN FORSCHUNG
PROGRAMME PRIORITAIRE **ENVIRONNEMENT**
FONDS NATIONAL SUISSE DE LA RECHERCHE SCIENTIFIQUE
PRIORITY PROGRAMME **ENVIRONMENT**
SWISS NATIONAL SCIENCE FOUNDATION

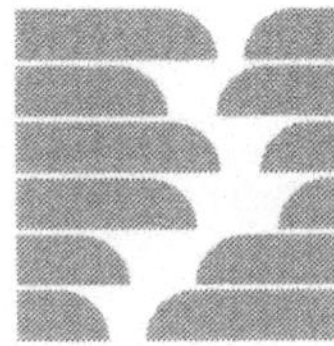

Ökologisches Handeln als sozialer Prozess

Ecological action as a social process

U. Fuhrer (Hrsg.)

Springer Basel AG

Herausgeber

Prof. Dr. Urs Fuhrer
Otto-von-Guernicke-Universität Magdeburg
Fakultät für Geistes-, Sozial- und Erziehungswissenschaften
Institut für Psychologie
Postfach 4120
D-39016 Magdeburg

Die Deutsche Bibliothek - CIP-Einheitsaufnahme

Ökologisches Handeln als sozialer Prozess = Ecological action as a social process / hrsg. von Urs Fuhrer.

(SPP-Umwelt – Themenhefte)
ISBN 978-3-7643-5167-0 ISBN 978-3-0348-5045-2 (eBook)
DOI 10.1007/978-3-0348-5045-2

NE: Fuhrer, Urs [Hrsg.]; Ecological action as a social process

Ursprünglich erschienen bei Birkhäuser Verlag 1995

hergestellt aus chlorfrei gebleichtem Zellstoff
Umschlaggestaltung: Markus Etterich, Basel

ISBN 978-3-7643-5167-0

9 8 7 6 5 4 3 2

Inhaltsverzeichnis

Einführung

Environmental Problems as a Challenge for the Social Sciences: Issues, Approaches, Studies

Urs Fuhrer
Universität Magdeburg

Since the early 1960s a number of problems stemming from modern society's impact on our natural environment have been recognized. More recently, scientists have come to realize that human activities are even changing the natural environment on a global scale. For example, human action is changing the earth's radiative balance, thus altering the climate; causing species extinctions at a rate 10'000 times faster as in the period before the emergence of humans; damaging the ozone layer that shields living things from harmful ultraviolet radiation; polluting oceans, lakes and rivers with oil, heavy metals, and trash; and making other alterations in the earth's life support systems, some known, some suspected, and probably others yet unrecognized.

As the magnitude of these problems is brought to public attention, a growing concern for ecological issues is developing (e. g., Diekmann and Preisendörfer, 1992; Stern, 1992; Fuhrer, 1995). The observed relationships between environmental concern and environmental behavior, however, are generally weak (the significant correlations are typically below .20). A partial explanation for this discrepancy is that individuals are influenced by other people, small-group contexts, or institutions through the perceived values, norms, and ideologies of these social systems. That is, both interpreting environmental problems and taking actions against environmentally destructive behavior are social processes. Thus, the study of environmental problems is particularly suited for the social sciences. Then the question is not "what's wrong with the environment" but rather the question should be: "What's wrong with society and human beings"? In a broad way, this question is already answered in the Club of Rome's examination of the human dilemma or in *Global 2000*, the 1980 report of the US Council on Environmental Quality, and in many other authoritative reports that have appeared in recent years (e. g., Brown et al., 1992).

Environmental Problems from a Social Science Perspective

From the social sciences point of view, environmental problems are not an inherent quality of the physical world, but represent an interaction between physical, societal, and psychosocial characteristics. As with other social phenomena, understanding of responses to environmental problems requires inquiries not only at the level of the individual but also at other social levels involving individuals in interaction with each other. That is, environmental problems are socially constructed in that individuals make inferences and reach conclusions by giving meaning to uncertain and often ambiguous information on the basis of interpersonal and/or mediated communication. Thus, the experience of environmental problems and their ultimate consequences are shaped, then, by language, social-group ideologies, scientific communities, institutional structures, and political considerations, as well as by individual experiences and responses (cf. Johnson and Covello, 1987; Segerståhl, 1991). Thus, social systems differ in how they perceive these problems. To take the most conspicuous example, although the *Waldsterben* (dying forest) has, for several years, been hitting the headlines in German newspapers, there is no equivalent (or even a translation) in France. If *le Waldsterben* is discussed at all there, it is presented as an odd quirk of the German psyche, which entertains irrational and romantic bonds with the German forest (Graumann and Kruse, 1990). Similarly, Swiss German and Swiss French perceptions and assessments of environmental problems often differ as well, although these differences are not as pronounced as between Germany and France (Rey, 1994).

The integration of these and other social and cultural factors with psychological factors poses a substantial challenge for future research. At a minimum, this integration requires that social scientists recognize the value of different disciplinary perspectives on environmental problem perception, selection, communication and the process of transforming socially communicated information into individual behavior. Propositions about the importance of such processes as social communication, for example, need to be tested intensively by researchers from psychology, sociology, social geography, media sciences, economics, history, law, political sciences, and management sciences. What is still missing from the current social sciences on environmental problems, however, is more systematic and rigorous analysis of how social communication arises from a host of complex factors, including socio-historical trends, societal and group-specific values, and institutional ideologies at specific points in time and in specific cultural places.

Themes of the Present Volume

The chapters in this volume represent an important attempt in this direction. The authors primarily consist of a number of research projects which are embedded into the Swiss

Priority Programme Environment (SPPE). With a series of special volumes the SPPE will stimulate the exchange of both conceptual approaches and empirical results at an early stage of the ongoing process of collaborative research on thematically coordinated issues among the researchers of the SPPE. Moreover, these volumes will also open a window into the SPPE for a wider range of interested parties. The present volume represents the first collaborative work of those social science researchers which mainly deal with environmental problems at the interface between individuals and social systems. With Ortwin Renn and Paul C. Stern, two of the most widely known social science experts in the field were invited to contribute to this issue.

The contributions to the present volume represent diverse perspectives on the problem of how ecologically oriented behavior of individuals is or should be regulated vis-a-vis social systems. Some chapters address aspects of individual behavior, others adopt more social, cultural, and ethical approaches. Despite the diversity, three general themes can be discerned which run through the volume as a whole, and which are touched upon by the various chapters: the difficulties in perceiving environmental problems, in understanding, evaluating and interpreting environmental information; the strong influence of social communication on how people frame their concern for environmental concern; and the difficulties of changing environmentally destructive behavior which are mostly of social nature. In what follows I briefly indicate how these principal themes of the present volume are addressed by the various individual contributions.

Gessner and Kaufmann-Hayoz set out to elucidate the structure of environmental problem situations. With respect to psychological attempts of goal-directed behavior and behavior change, they identify some weaknesses on both the individual and the societal level which explain why people often fail when they are confronted with environmental problems. Along these lines of reasoning, they distinguish twelve classes of "missing preconditions" which represent a meeting ground for changing environmentally destructive behavior. In this chapter, the problem of social communication is not deeply discussed, but it represents a more implicit or 'higher-order' factor to which their taxonomy of environmental problem types could be reduced.

Renn focuses explicitly on environmental issues as processes of communication, i. e., on the social and cultural construction of environmental risks. However, he prefers to conceptualize risk partly as social construct and partly as an objective property of a hazard or event. Thereby he avoids the problem of a pure social or cultural relativism on one hand and of environmental (or technological) determinism on the other hand. His message then is that most environmental risks that modern society faces are not experienced by human senses but learned through communication. Based on the concept of social amplification of risk, Renn proposes that environmental events pertaining to hazards interact with psychological, social, institutional, and cultural processes in ways that can heighten or attenuate individual and social perception of these events and shape environmental behavior.

What Renn calls "social amplification", Weber calls "social representation", a term which he borrowed from the French social psychologist Serge Moscovici. Both conceptions allude to a relation between individual and societal or collective processes of framing environmental issues. In his chapter, Weber focuses especially on the problem that often the science experts and the lay public differ in their representations of environmental issues and, therefore, they also differ in how they communicate about these issues. Thus, a successful discourse on environmental problems among individuals of different parties should be oriented to remove the often observed misfit among their social representations on environmental issues.

Moscovici's concept of social representation is focused even more intensively in the next chapter. Fuhrer and his co-workers are convinced that people, as members of social systems, share some common idea about environmental issues. Along these lines of reasoning, they prepare the ground for a conceptual elaboration of the strongly individualistic preconceptions of the social science research on environmental concern. Until recently, in research on environmental concern, typically represented by public opinion polls, there is a regular tendency to turn away from collective concepts and to become more and more exclusively preoccupied with what is individual. The meaning of 'social' is often reduced to socio-demographic indicators. Fuhrer et al. report empirical results from a questionnaire study with over 1000 car drivers living in the three main language areas of Switzerland. The main finding is that environmental concern is framed by social representations. However, their data also show that face-to-face interaction has a more powerful impact on the formation of the value and the intention component of environmental concern, whereas mediated interaction is more influential for the knowledge component of environmental concern. Thus, their results suggest that social representations, by means of their social communication mode, play a crucial role in the formation of environmental concern.

Problems of social communication also characterize the well-known "commons dilemma" situations. In his chapter, Mosler proposes that environmental issues are not actually problems between people and the environment, but rather problems among members of social systems vis-a-vis common environmental resources. Thus, environmental problems arise from a social conflict of interests, i. e., a commons dilemma. This problem is treated extensively in the social science literature. Mosler's chapter is an attempt to summarize the latest developments in research on commons dilemma. Thereby he points to the central factor for solving commons dilemma: the socially shared knowledge among the people who use the same environmental resources. Thus, of most importance is that these people communicate with each other. Communication, however, is based on socially shared knowledge, i. e., social representation, although Mosler does not speak in terms of social representations, when he describes strategies of solving situation of the commons dilemma type.

The last four chapters mainly deal with the various difficulties people are confronted with in changing their environmentally destructive behavior. Stern, at first, outlines five common misconceptions concerning behavioral change. These misconceptions are characterized by the fact that they reduce the problems of behavioral change to very simplistic levels. For example, air pollution problems are not mainly problems of individual behavior, but they are rather caused by organizational behavior such as companies and corporations. Thus, behavioral change involves social change. He then turns to the presentation of some well-grounded principles for environmental intervention. Here again, environmental intervention is basically social intervention, i. e., social and behavioral scientists, lawyers, or politicians have to adjust their programs according to the 'people-in-their social systems'.

In a similar vein, the last three chapters illustrate some of the barriers to behavior change. For example, Bütschi and Kriesi highlight the problems of informational approaches of political campaigns for attitude change. Thereby the problem is to transform economically minded people to people which think ecologically. Again, to realize such an ambitious program one has to adjust informational campaigns into the socio-political systems in which the people are embedded. Brechbühl, Krieger, Lesch, Rey and Thomas go even a step further: Changing people's behavior involves a cultural change because the ecological crisis mirrors a cultural crisis. More specifically, culture crisis implies a crisis how people communicate with each other. Thus, Brechbühl and co-workers propose that the development of an "ecological society" needs to sentitize people for ecological problem which is mainly a question of improving verbal and nonverbal forms of social discourse. In the last chapter, Lesch illuminates the political and more normativ contexts in which any attempts of behavioral change are embedded. In particular, he rises the questions of how a society which is democratically organized can adapt principles of environmental ethics. Like Bütschi and Kriesi in their chapter, Lesch draws the attention to both politics and individuals in thinking how to make both of them more responsible for their environment. What follows from such a broad perspective is that behavioral change becomes a societal project.

Appreciation and Thanks

My debts as editor are many. First of all, I gratefully acknowledge the contributions Paul C. Stern and Ortwin Renn made for the new SPPE series. With their papers the present volume gains substantially. As the editor of the first volume, I also wish to thank the following reviewers for their helpful comments to the manuscripts which were submitted. Alphabetically, these reviewers were Andreas Ernst, Alexander Grob, Florian G. Kaiser, Markus Maggi, Hans-Joachim Mosler, Lucienne Rey, Joachim Schahn, and Marcel Weber. Of course, no publication could be put together without the dedicated work of the manuscript authors and coauthors. Many thanks to all of them!

References

Brown, L. R., Flavin, C. and Kane, H. (1992). *Vital Signs 1992 — The Trends that are Shaping our Future.* New York: Norton.

Diekmann, A. und Preisendörfer, P. (1992). Persönliches Umweltverhalten zwischen Anspruch und Wirklichkeit. *Kölner Zeitschrift für Soziologie und Sozialpsychologie, 44(2),* 226–251.

Fuhrer, U. (1995). Konzeptueller Rahmen für eine Umweltbewusstseins-Forschung. *Psychologische Rundschau, 1.*

Graumann, C. F. and Kruse, L. (1990). The environment: Social construction and psychological problems. In: H. T. Himmelweit and G. Gaskell (Eds), *Societal Psychology* (pp. 212–229). London: Sage.

Johnson, B. B. and Covello, V. T. (1987). *The Social and Cultural Construction of Risk.* Boston: Reidel.

Rey, L. (1994). *Umwelt im Spiegel der öffentlichen Meinung.* Unpublished doctoral dissertation, University of Berne, Switzerland.

Segerståhl, B. (1991). *Chernobyl: A Policy Response Study.* Berlin: Springer.

Stern, P. C. (1992). Psychological dimensions of global environmental change. *Psychological Review, 43,* 269–302.

Deutung von Umweltproblemen durch soziale Kommunikation

Die Kluft zwischen Wollen und Können

Wolfgang Gessner und Ruth Kaufmann-Hayoz[1]
Interfakultäre Koordinationsstelle für Allgemeine Ökologie
Universität Bern

Why is it so difficult to arrive at effective changes of individual environmental behavior? It is argued that several essential preconditions for adequate goal-directed behavior and behavior change are typically missing in environmental problem situations. Twelve classes of "missing preconditions" are described, which may provide a comprehensive framework when designing and implementing strategies aimed at changing individual environmental behavior.

Einleitung

Die existierende *Umweltproblematik* resultiert aus anthropogenen Veränderungen der natürlichen Umwelt. Zur Identifikation von Umweltproblemen gehören 1. das Feststellen des *gegenwärtigen* Status, *vergangener* Veränderungen und *zukünftig erwartbarer* Veränderungen der natürlichen Umwelt, 2. das *Bewerten* solcher Veränderungen als unerwünscht oder bedrohlich und 3. das — zumindest hypothetische — *Zuschreiben der Ursachen* dieser Veränderungen zu menschlichen Tätigkeiten (für eine Darstellung der Probleme des Erfassens und Bewertens der Merkmale, Kriterien und Werte von Umwelten vgl. Usher und Erz, 1994).

Die Identifikation von Umweltproblemen geht in der Regel einher mit der Feststellung eines Handlungsbedarfs, also der Einsicht, dass gewohnte Handlungsabläufe von menschlichen Individuen oder Kollektiven als der Situation nicht oder nicht mehr angemessen erkannt werden und deshalb verändert werden sollten. Umweltprobleme als oft nicht erkannte, nicht beabsichtigte oder wegen der Dominanz von primären Absichten in Kauf

[1] Die AutorInnen bearbeiten das Projekt Nr. 5001-35276 «Interventionsmodelle zur Förderung umweltverantwortlichen Handelns» im SPP Umwelt des Schweizerischen Nationalfonds. Korrespondenzadresse: Interfakultäre Koordinationsstelle für Allgemeine Ökologie (IKAÖ), Niesenweg 6, CH-3012 Bern.

genommene *Neben-, Spät- und Fernfolgen* menschlicher Tätigkeiten verlangen nach Handlungsalternativen, die es erlauben, legitime menschliche Bedürfnisse (Nahrung, Bekleidung, Wohnraum, Mobilität, materieller und sozialer Austausch usw.) in einer Art und Weise zu befriedigen, welche nicht die eigenen Lebensgrundlagen zerstört (vgl. hierzu Hirsch [1993] für eine Darstellung unterschiedlicher Typen des ökologischen Handelns).

Offensichtlich ist die Umweltproblematik eine der härtesten, wenn nicht die härteste Problematik überhaupt, die wir zur Zeit kennen. Sie wirft *Wissensprobleme* auf, die wegen der Komplexität der Sachlagen und der Vielzahl der involvierten wissenschaftlichen Disziplinen ausserordentlich schwierig zu bearbeiten sind. Auch die einschlägigen *Wertungsprobleme* können nicht einmal annähernd als gelöst gelten. Die aktuelle Diskussion zur Begründung einer ökologischen Ethik zeigt eine Extremität der Positionen, deren Spektrum von völligem Laissez-Faire bis zu Ideen eines radikalen Wandels aller umweltrelevanten Orientierungen reicht: z. B. plädiert Shrader-Frechette (1989) für einen generellen Relativismus ökologischer Wertsetzungen, indem sie die Nichtbestimmbarkeit grundlegender Begriffe des ökologischen Denkens behauptet und damit die Möglichkeit jeglicher Orientierung an «natürlichen» Verhältnissen verneint, während in vollständiger Opposition hierzu Naess (1989) in der Entwicklung seiner *deep ecology* Naturverhältnisse zum alleinigen Massstab umweltethischer Grundorientierungen machen möchte. Neben diesen Basisproblematiken stehen zudem *Praxisprobleme* oder *Umsetzungsprobleme* an, die als eigenständige Probleme bestehen bleiben werden, selbst wenn man der Lösung der Wissens- und Wertungsprobleme näherkäme.

Unser Projekt befasst sich mit den *Schwierigkeiten des individuellen Handelns* angesichts der so qualifizierten Umweltproblematik. Dabei werden psychologische Faktoren der Handlungsorganisation (vgl. u. a. Preuss, 1991) ebenso wie sozial bestimmte Bedingungen, also Anreize, Zwänge, Restriktionen und Spielräume, welche die individuellen Handlungsmöglichkeiten definieren (vgl. auch Foppa, 1989), in den Blick genommen. Wir müssen dabei unterstellen, dass die genannten Wertfragen zumindest in dem Sinn als gelöst gelten können, als der Schutz und die Sicherung der Lebensgrundlagen der jetzigen und auch zukünftiger Generationen als nachvollziehbares Ziel legitimierbar sei. Es dürfte auch ausreichend viel Wissen und Handlungswissen verfügbar sein, um einen erkannten Handlungsbedarf stützen zu können. Dennoch scheint es *in praxi* an wissensgestützten Umsetzungen sozial und individuell bestehender Wertsetzungen weiterhin zu fehlen. Unsere These ist, dass *wesentliche und wirksame Veränderungen der Handlungsgewohnheiten von Individuen zugunsten umweltverträglicherer Alternativen deshalb so schwerfallen, weil unverzichtbare Voraussetzungen dafür, dass Menschen ihr Verhalten im Sinne einer Problemlösung verändern oder verändern können, im Falle der Umweltproblematik nicht oder nur unvollständig gegeben sind.* Unter Zuhilfenahme und systematischer Aufarbeitung des vorhandenen Wissens verschiedener Disziplinen über die

Voraussetzungen der Veränderung menschlichen Handelns und Verhaltens können aber begründete Hinweise darüber gewonnen werden, welches die wichtigsten dieser Voraussetzungen sind, wo sie fehlen und auf welche Weise sie geschaffen werden könnten.

Einer der ersten Schritte beim Erstellen einer solchen Systematik zur Entwicklung von Problemlösungen besteht darin, ein einheitliches Format zu finden, in dem sich aus den Kernaussagen der in die Umweltproblematik involvierten Disziplinen Lösungsschritte entwickeln und darstellen lassen. *Eine* Möglichkeit eines solchen Formats ist das Beschreibungsraster eines *wohldefinierten Problems*. Derartige Raster der Definition und Einordnung von Problemen sind bisher primär für die Bearbeitung struktureller und formaler Probleme entwickelt worden, können aber auch für praktische Kontexte fruchtbar gemacht werden (vgl. u. a. Nozick [1993] für die Entwicklung solcher strukturelleller Problemexplikationen, die oft mit der Angabe von Lösungsheuristiken verbunden sind). Mit Hilfe solcher Raster können Probleme strukturell so beschrieben werden, dass alle ihre Facetten von der Definition des Problems, der Beschreibung der Ausgangslage, der Definition der zu erreichenden Ziele unter Angabe der wesentlichen Lösungswege bis hin zu voraussehbaren Nebenfolgen dieses Lösungsvorschlags möglichst klar und zugleich schematisch, also *vergleichbar über verschiedene Einzelprobleme hinweg* erkennbar werden.

Die Explikation eines Problems wird so als geregelte Folge einzelner Schritte sichtbar: Die *Problemdefinition* beschreibt die wesentlichsten Bestandteile der Ausgangslage, den Kontext des Problems, die relevanten Wertaspekte und implizit die in dieser Ausgangslage dominanten Abweichungen von einem Ziel oder einer Wertvorstellung (IST-SOLL-Differenz), die das Problem konstituieren. Als *Problemquelle* werden mögliche Instanzen des Problems (z. B. personale Faktoren, ökonomische oder normative Randbedingungen) benannt. Als *Lösungsquelle* werden mögliche Veränderungen und deren Träger angegeben. Die *Problemstruktur* selbst lässt sich mit Hilfe von acht Komponenten darstellen:

1. *Zieldefinition:* Es wird (in bezug auf die Situationsfaktoren, s. Punkt 2) dasjenige Ziel bzw. derjenige Wert oder SOLL-Zustand benannt, das oder der erstmals oder erneut realisiert wird, wenn das zugehörige Problem gelöst ist.

2. *Situationsfaktoren:* Es wird (in bezug auf die Zieldefinition) detailliert die faktische Ausgangslage (der IST-Zustand) beschrieben, also die Randbedingungen der Problemsituation und die als problematisch betrachteten Faktoren und deren Zusammenhänge dargelegt.

3. *Lösungsressourcen:* Es werden die allgemeinen Potentiale, Fähigkeiten und Ressourcen beschrieben, die im Prinzip oder aktuell oder zukünftig zur Verfügung stehen, um auf die Problemsituation einzuwirken.

4. *Transformationspotentiale:* Es werden aus den Lösungsressourcen diejenigen Potentiale benannt, die geeignet sind, die durch die Situationsfaktoren beschriebene Ausgangssituation so zu verändern, dass die problematischen Faktoren abgeschwächt oder beseitigt werden und damit der Zielzustand angenähert oder erreicht wird.

5. *Transformationsrestriktionen:* Es werden diejenigen Transformationspotentiale ausgegrenzt, die zwar im Prinzip zugänglich, aber aus bestimmten faktischen oder normativen Gründen nicht existent, nicht zugänglich oder nicht anwendbar sind, nur temporal anwendbar sind, nicht unbegrenzt oft anwendbar sind usw.

6. *Lösungsresultate:* Es werden die mehr oder weniger zielkonformen Ergebnisse der Anwendung der zulässigen Transformationspotentiale auf die Situationsfaktoren der Ausgangssituation beschrieben, so dass entweder Art und Ausmass der Annäherung an die Zieldefinition abgeschätzt werden oder Zwischenziele definiert und deren Erreichbarkeit eingeschätzt werden kann.

7. *Nebenfolgen der Lösung:* Es werden diejenigen Nebenfolgen beschrieben, die zusätzlich zur manifesten Zielanpassung auftreten oder auftreten können und die, wenn sie in anderen Wert-Dimensionen als der des primären Ziels negativ sind, in einer Güterabwägung auf ihre Vereinbarkeit mit dem Primärziel oder ihre generelle Tolerierbarkeit beurteilt werden können und müssen.

8. *Kosten der Lösung:* Es werden die Kosten der Anwendung zulässiger Transformationspotentiale auf die Ausgangssituation beschrieben und dimensioniert.

Die nach diesem Raster darzustellenden Probleme im Sinne von Handlungs- oder Umsetzungsproblemen bestehen immer in einer Diskrepanz zwischen den als notwendig unterstellbaren Voraussetzungen für Verhaltensänderungen (Zieldefinition) und den in einer aktuellen oder absehbar entstehenden Situation gegebenen Bedingungen (Situationsfaktoren). Diese strukturell-abstrahierenden Beschreibungen von Einzelproblemen lassen sich dann für verschiedene individuelle Handlungsfelder (Arbeit, Ernährung, Wohnen, Freizeit usw.) und die für diese Handlungsfelder spezifischen ökologischen Folgen (Ressourcenverbrauch, Emissionen, Abfälle usw.) explizieren. Hier werden auch die Strukturen möglicher politischer, sozialer und ökonomischer Einflussnahmen auf die gesellschaftlichen Rahmenbedingungen des individuellen Handelns sichtbar.

Zwölf Problemtypen

Den im einzelnen nach dem oben skizzierten Raster für verschiedene Handlungsfelder zu erarbeitenden Problembeschreibungen, die ausdrücklich auf *die Handlungen von Individuen und deren unmittelbaren Randbedingungen* beschränkt sind, lassen sich verschiedenen *Problemtypen* zuordnen. Jeder Problemtyp ist dadurch charakterisiert, dass eine bestimmte Klasse von wichtigen Voraussetzungen für die Veränderung von Handeln oder Verhalten im Sinn der oben konstatierten Umweltproblematik nicht gegeben ist. Wir verstehen diese Typisierung als einen *Ordnungsversuch* der Fülle der aus der Literatur[2] entnommenen Befunde, der der Kritik, der Modifizierung und der Ergänzung durch andere (und durch uns selbst) offen ist. Von dieser Typisierung versprechen wir uns aber auch *heuristische Effekte* im Hinblick auf den Transfer von Lösungen zwischen den Einzelproblemen.

Wir unterscheiden derzeit zwölf Problemtypen (PT), die sich aufgrund der bisherigen Explikation von Einzelproblemen durch Herausarbeiten von sachlichen und/oder strukturellen Gemeinsamkeiten und Unterschieden ergeben haben.

Für jeden Problemtyp werden in der folgenden Darstellung zunächst (kursiv gedruckt) die postulierbaren *Rahmenbedingungen* umweltadäquaten Handelns bzw. der Veränderbarkeit von nicht umweltadäquatem Handeln oder Verhalten beschrieben. Im jeweils folgenden Abschnitt wird (bezogen auf den jeweiligen Problemtyp) dargestellt, inwieweit und warum im Falle des Umweltproblems diese Rahmenbedingungen verletzt, eingeschränkt oder gar nicht erfüllt sind. Aus diesen Differenzen wird später ableitbar werden, welche Verhaltensänderungen und welche Veränderungen von Handlungsbedingungen nötig sind, um umweltgerechtes Handeln zu ermöglichen.

Im folgenden werden also die wesentlichen Voraussetzungen und Ausprägungen nur dieser Problemtypen kurz beschrieben, während auf die strukturierte Darstellung der Einzelprobleme im Rahmen dieses Artikels nicht eingegangen werden kann.

PT 1. Probleme der evaluativen Orientierung

Eine allgemeine Voraussetzung zielorientierten rationalen Handelns ist die Gewinnbarkeit evaluativer Zielsetzungen und ihre Umsetzbarkeit in Handlungsmaximen. Dazu gehört wesentlich das Vorhandensein von konsensfähigen Werten, die es einem Individuum im Sinn von generellen Handlungsorientierungen ermöglichen, bestimmte

---

2 Teils aus Gründen des vom Herausgeber begrenzten Textumfangs fehlen in diesem Abschnitt die Literaturangaben. Ein Bezug auf Literatur wird aber auch erst in einer detaillierten Behandlung der Einzelprobleme sinnvoll, die über ihre pure *Aufzählung* in diesem Typisierungsversuch hinausgeht.

Zustände, Ziele oder Verhaltensweisen eindeutig als problematisch, unerwünscht oder ungeeignet oder aber als erwünscht zu bewerten und anzustreben, und im Fall von Wertkonflikten Güterabwägungen vornehmen zu können.

Wie die aktuelle Debatte in der Umweltethik zeigt, werden aber gerade diese basalen Voraussetzungen äusserst kontrovers diskutiert. Eine über verschiedene philosophische Positionen, gesellschaftliche Gruppen oder gar unterschiedliche Kulturen hinweg als gültig anerkannte ethische Begründung umweltverantwortlichen oder -gerechten Handelns und damit von anzustrebenden Veränderungen des Handelns scheint nicht in Sicht (vgl. für eine Auswahl umweltethischer Positionen Gessner et al., 1993). Insbesondere strittig ist die Frage des *Eigenwerts* der Natur (z. B. in bezug auf Biodiversität) vs. der Prädominanz rein menschlicher *Interessen* an Erhaltung oder auch Zerstörung dieser Natur. Als hemmend erweist sich auch die Prävalenz gegenwartsnaher Nutzenmaximierung für langfristige Nachhaltigkeit der Naturnutzung: Das Vorteilsprinzip dominiert das Vorsorgeprinzip. Die Wertbildung des Individuums findet so in einem definitionsoffenen Umfeld statt und unterliegt in hohem Masse dem Einfluss übernommener und auf unreflektierten Werten basierenden Handlungsgewohnheiten wie auch der Einwirkung normativ nicht überprüfter Randbedingungen des Handelns, speziell dem Einfluss überindividueller und dennoch partikularer Interessen.

PT 2. Probleme der emotionalen und motivationalen Steuerung

Voraussetzung für die Veränderung von Handlungsgewohnheiten sind stabile Motivationslagen, die im Hinblick auf Handlungsentscheidungen die Herausbildung zielkonformer Intentionen ermöglichen.

Die Ausbildung angemessener motivationaler Dispositionen für die Wahl umweltgerechterer Handlungsalternativen scheitert oft schon aufgrund der Unübersichtlichkeit und Unentschiedenheit der Wertedebatte (vgl. PT 1). Zudem dominieren häufig negative emotionale Erfahrungen aus Reflexionen über mögliche Verhaltensänderungen (z. B. *Befürchtungen* von Verlusten an materiellem Wohlstand, Bequemlichkeit oder sozialem Prestige) oder negative Erfahrungen aus konkreten Versuchen, solche Alternativen zu realisieren (z. B. *Ärger* über Zeitverluste und Fahrplanabhängigkeit bei der Benutzung öffentlicher Verkehrsmittel). Ernsthafte Beschäftigung mit den Perspektiven der Umweltproblematik kann, verbunden mit der Erfahrung subjektiver Handlungsunfähigkeit, zu Blockierungen auf der kognitiven und der Handlungsebene führen infolge extrem starker emotionaler Betroffenheit (*Angst, Depression*). Erfahrungen realer Hilflosigkeit können umspringen in einseitige emotionale Fixierungen auf unangemessene und wirkungslose Umsetzungsformen, z. B. in der *Wut* auf singuläre Verhaltensweisen anderer, die realistisch betrachtet harmlos sein können, aber stellvertretend symbolisch aufgeladen werden.

PT 3. Probleme spezieller Bewältigungsstrategien

Angesichts von Problemsituationen, deren Lösung eine Veränderung von festen und ungern aufgegebenen Handlungsgewohnheiten erfordert, neigen Menschen dazu, auf Handlungen auszuweichen, die zwar den subjektiv empfundenen Problemdruck vermindern, aber für die tatsächliche Problemlösung irrelevant sind. Die Existenz solcher Bewältigungsstrategien kann eine Verschiebung des eigenen Aktivitätspotentials auf nicht geeignete oder nicht hinreichende Lösungsressourcen bewirken mit dem Nebeneffekt einer Entschuldung eigener Fehlhandlungen oder Unterlassungen und einer Selbst-Demotivierung bezüglich der wirklich relevanten Handlungen und Unterlassungen.

Im Umweltbereich existieren eine Vielzahl von sozial anerkannten Handlungsweisen, denen das Image von scheinbar lösungsrelevanten Bewältigungsstrategien anhängt, deren realer Lösungsbeitrag aber relativ oder absolut zu gering ist, um wirksam zu sein («pietistische Strategien» als Optimierung des Umwelthandelns in plakativen und «kostengünstigen» Einzelfällen, meist unter Verzicht auf Veränderung in wirklich relevanten Handlungsfeldern). Ebenfalls vielfältig sind die Möglichkeiten des Transfers eines erkannten Handlungsbedarfs auf Ersatzhandlungen oder, per Scheckbuch, auf Stellvertreter-Akteure, deren Handlungsangebot zwar der Motivation und den ökologischen Zielsetzungen des Spenders entspricht und seine Schuldgefühle besänftigt, die aber keinen realen Lösungsbeitrag durch Modifikation realer Bedingungen oder zur Einleitung ernsthafter Verhaltensänderungen leisten oder leisten können («Ablasshandel»). Faktisch unwirksam sind auch alle Arten von Aktivitäten, die die Ursachen des Problems und den zugehörigen Handlungsbedarf an den falschen Stellen suchen, nämlich niemals vor der eigenen Tür, sondern vorzugsweise bei ganz anderen Leuten auf der anderen Seite des Planeten («Fernstenliebe» zur unzerstörten Natur), oft verbunden mit Attributionen, die implizit schuldentlastend für den im eigenen Handlungsbereich ignoranten Akteur sind.

PT 4. Probleme der perzeptiven Orientierung

Eine generelle Vorbedingung für die Identifikation einer Problemsituation, den Aufbau von Wissensstrukturen und die Organisation von Handlungen ist die Möglichkeit unbehinderter und sachangemessener Wahrnehmungen. Sind sinnliche Wahrnehmungen von Zuständen als Handlungsvoraussetzungen und als Handlungsfolgen nicht möglich, verzerrt, unangemessen selektiv, fehlgeleitet oder gegenläufig, können sie schwerlich die Grundlage von problemadäquaten Verhaltensänderungen sein.

Bezogen auf die Umweltproblematik, sind meistens mehrere dieser basalen Voraussetzungen nicht gegeben:

- Es besteht eine generelle Schwierigkeit oder sogar Unmöglichkeit der sinnlichen Wahrnehmung ökologisch relevanter Parameter aufgrund von deren relativer Minimalität, extrem langsamer Veränderung oder grundsätzlicher Nichtbeobachtbarkeit (vgl. Renn in diesem Band).
- Die Selektivität von Wahrnehmung aufgrund ihrer Ziel- und Anforderungsabhängigkeit, der Habituation von Orientierungsreaktionen und der Tendenz zur Mehrbeachtung wertkonkordanter Information verhindert oft die Beachtung grundsätzlich wahrnehmbarer ökologischer Gegebenheiten.
- Auf der Wahrnehmungsebene kann die Unmittelbarkeit perzeptiv gesteuerter Urteile über die Erkenntnis sinnlich nicht wahrnehmbarer, aber mit Hilfe besonderer Instrumente und Verfahren feststellbarer Aspekte des gleichen Sachverhalts dominieren und so diese rational begründbaren, richtigen Urteile in bezug auf Handlungsentscheide unterlaufen.
- Die vorreflexiv handlungsleitende Struktur und Gestalt des physischen und symbolisierten Handlungsumfeldes, sein «Aufforderungscharakter», z. B. in einer einseitig autoverkehrsorientierten Optimierung von Mobilität, kann die weniger umweltverträglichen Handlungsalternativen systematisch begünstigen.

PT 5. Probleme der kognitiven Orientierung

Sachangemessenes und erfolgreiches Handeln bzw. dessen Veränderung setzt voraus, dass ein Individuum Kenntnis darüber hat, welche Faktoren und Prozesse durch sein Verhalten beeinflusst werden, welcher Art dieser Einfluss ist und welche Handlungsalternativen ihm zur Verfügung stehen.

Faktisch ist es für Individuen ausserordentlich schwierig, adäquate Kenntnisse bezüglich der ökologischen Relevanz ihres Handelns zu erwerben:
- Es treten systematische oder kontingente Verzerrungen der kognitiven Handlungsprämissen auf (z. B. eine *Divergenz* von Problementwicklung und Problemeinschätzung oder die systematische Überschätzung von lokal oder temporal *konzentrierten* Ereignissen).
- Die Veränderbarkeit umweltrelevanter Ausgangsbedingungen von Handlungen kann oft nicht richtig eingeschätzt werden, u. a. dadurch, dass sie einer realistischen Prüfung nicht zugänglich sind.
- Der Handlungsbedarf wird oft aufgrund fehlerhafter oder fehlgeleiteter Kausalattributionen von problematischen Folgen falsch eingeschätzt.
- Die kognitive Verarbeitung (Kategorisierung, Evaluation, Relevanzzuschreibung) von an sich präzisen Wahrnehmungen kann inadäquat sein.
- Die Orientierung über Folgen und Nebenfolgen eigenen Handelns oder Konsumverhaltens durch externe Instanzen, z. B. in der Information über «Ökobilanzen» von

Verhaltensweisen oder Produkten, ist fast regelmässig unvollständig oder widersprüchlich.

- Der eigene, gegenwärtige Handlungsbedarf kann relativiert werden durch eine denkbare praktische Aufhebung gegenwärtiger oder zeitverzögerter Umweltfolgen dieses Handelns, wie sie in der Debatte über eine eventuell später mögliche *technische Kompensierbarkeit* jetziger oder entstehender Umweltschäden nahegelegt wird. Dies zerstört nicht nur die Motivation (vgl. PT 2) zu umweltgerechtem Verhalten, sondern dereguliert auch die entsprechenden Handlungsprämissen.

PT 6. Probleme des Umgangs mit komplexen, dynamischen Systemen

Umweltprobleme sind in der Regel als Folgen von Eingriffen in komplexe, dynamische Systeme anzusehen. Voraussetzung für adäquaten Umgang mit solchen Systemen erfordert (besonders auf der Ebene von EntscheidungsträgerInnen) spezielle Kompetenzen, z. B. die Fähigkeit, mehrere sich überlagernde Prozesse mit unterschiedlicher Zeitdynamik gleichzeitig und gleichwertig zu beachten, die Dynamik nichtlinearer Veränderungen unter Berücksichtigung von Rückkoppelungsprozessen richtig einzuschätzen und die Fähigkeit, angemessene Handlungsentscheide auch in Situationen zu treffen, deren Entwicklung schwer vorhersagbar ist.

Die erforderlichen kognitiven Kompetenzen sind sowohl bei «Alltagsmenschen» als auch bei EntscheidungsträgerInnen eher gering ausgeprägt. Die Konfrontation mit komplexen, dynamischen Systemen erzeugt (wie in Simulationen gezeigt werden konnte) Fehlwahrnehmungen und Urteilsverzerrungen, fördert nicht angemessene Problemlösestrategien und typische Planungsfehler wie die zeitlich ungeeignete Situierung von Lösungsschritten und endet in Dogmatismus, Handlungsblockaden oder Hyperaktionismus. Die Monopolisierung der Aufmerksamkeit auf Einzelprobleme, einseitige oder sogar abseitige Relevanzsetzungen, mangelnde Zielkonkretisierung und Zielbalancierung, mangelnde Hintergrundkontrolle und schliesslich Panikreaktionen in zeitkritischen Verläufen erwiesen sich als typische Verhaltensweisen auf dem Weg in die (*hier* nur simulierten!) Katastrophen. Auch die mangelnde emotionale Kompetenz, diesen kognitiven Belastungen standzuhalten, verstärkt diese generelle Versagenstendenz.

PT 7. Probleme der Handlungsregulation

Voraussetzung für erfolgreiche Handlungsregulation (als problemadäquate Verhaltensänderung und -anpassung) ist ausreichende Information über Vorbedingungen, Mittel und Resultate des Handlungsvollzugs. Handlungsziele, Handlungsprämissen, Handlungsmittel und Handlungsfolgen müssen grundsätzlich aufeinander beziehbar sein.

Das individuelle Alltagshandeln ist durch eine weitgehend eingeschränkte oder fehlende Kontrollstruktur in bezug auf seine ökologische Relevanz gekennzeichnet:

- Die Rückmeldung der ökologischen Resultate und Folgen sowohl von umwelt*schädigendem* als auch umwelt*schonendem* Handeln ist in der Regel äusserst mangelhaft.
- Die Kausalwirkungen des eigenen oder fremden Handelns sind meist nur schwach oder zeitverzögert und deshalb schwer erkennbar.
- Es besteht oft beträchtliche Unsicherheit darüber, welche Handlungsmittel für die Erreichung bestimmter ökologischer Ziele geeignet sind; der Grad der Passung von Mitteln und Zwecken ist nicht auszumachen.
- Instrumentelles Handeln in ökologischen Kontexten ist oft subjektiv und objektiv ineffizient, also in seiner Wirksamkeit fragwürdig für den Handelnden, oder die Nebenfolgenkontrolle solchen Handelns ist für ihn nicht hinreichend möglich.
- Es besteht eine systematische Divergenz der Prioritätssetzung von «eigentlichen», primären Hauptzielen und nur in Kauf genommenen oder ganz ignorierten ökologischen Nebenfolgen dieses zielorientierten Handelns.
- Die realen und die vorgestellten Möglichkeiten eigenen Handelns und der Wirksamkeit der Konsequenzen dieses Handelns können falsch eingeschätzt oder sogar systematisch überschätzt oder unterschätzt werden.

PT 8. Probleme der Aggregation und Kollektivität

Wesentliche Voraussetzung konsistenten und rationalen Handelns und der Legitimation von Veränderungen des Handelns einzelner ist die unproblematische Einpassung des individuellen Handelns in soziale und kollektive Handlungen, also die Vereinbarkeit der singulär individuellen Perspektive mit der parallelen Rolle als Akteur in einem Kollektiv. Wenn diese wechselseitige soziale Beziehbarkeit von Akteuren aufeinander nicht gegeben ist, kann es für die einzelne Person schwierig werden, persönliche Verantwortung für Umweltprobleme zu entwickeln.

Die aktuelle soziale Situation wird zunehmend (und speziell durch die wachsende Orientierung aller sozialer Relationen auf «Wettbewerb» hin) durch die wechselseitige Nicht-Relation und Nicht-Bezugnahme der Individuen aufeinander und auf soziale Verbände aller Art gekennzeichnet, woraus sich eine unproduktive, weil desorientierte Organisation von singulären oder kollektiv erzeugten Handlungsfolgen ergibt:

- Verhalten nach dem Prinzip der Maximierung des eigenen Nutzens führt zu kollektiver Selbstschädigung durch privaten Egoismus (Situation des *prisoners dilemma,* z. B. als Übernutzung aufgrund deregulierten Zugangs zu öffentlichen Gütern im «Allmendeproblem» oder der «*tragedy of the wasteland*»).

- Die aus dereguliertem kollektivem Handeln resultierende Unübersichtlichkeit, Unzurechenbarkeit und Desorientierung kann dann nicht nur die an diesem Handeln beteiligten, sondern auch (in der Gegenwart noch) Unbeteiligte bedrohen.
- Die soziale Diffusion von Verantwortung in Kollektivhandlungen, z. B. im Mobilitätsverhalten oder in arbeitsteiliger Produktion, zerstört die Einsicht in den Tatbeitrag einzelner Handelnder.
- Der Negativnutzen umwelt*schädigender* Handlungen und der Nutzen umwelt*schonender* Handlungen sind bei jeweils vergleichbarem Tatbeitrag ungleich verteilt; es bedarf also erheblich grösseren Aufwands, umweltpositive Resultate zu bewirken, als es einen kostet, Umweltschäden nicht zu vermeiden.
- Zwischen Verursachern und Leidtragenden ökologischer Schädigungen besteht eine ökonomische, geographische oder soziale Distanz, die mentale oder reale Bezugnahme aufeinander und damit auch gemeinsame Orientierungen auf Aktionen verhindert.

PT 9. Probleme der Wissens- und Wertevermittlung

Für ein einzelnes Individuum ist es schon aus Gründen seiner Kapazität des Wissenserwerbs und der grundsätzlichen Schwierigkeit der Wertbildung meist unmöglich, sich das für umweltbezogene Verhaltensänderungen entscheidungsrelevante Wissen oder entsprechende evaluative Prämissen selbständig zu erarbeiten. Dies erfordert, wie jede Form der Tradierung überindividueller Informationen, die Vermittlung durch persönliche Kommunikation und durch Medien. Die Art dieser Vermittlung sollte deshalb sowohl der Sache angemessen wie auch vom Empfänger verstehbar und in Beziehung zu seiner Person und seinen eigenen Handlungsmöglichkeiten gesetzt werden können.

Die Vermittlung von Wissen über Umweltprobleme und über umweltgerechtere Handlungsalternativen ist in mancherlei Hinsicht unangemessen oder defizitär:

- Medial vermittelte Information ist oft falsch, selektiv, unvollständig, widersprüchlich (z. B. im Expertenstreit) und in bezug auf konkreten Handlungsbedarf mehrdeutig.
- Durch Medien vermittelte Information über Natur und Umweltprobleme bezieht sich vorzugsweise auf globale oder weit entfernte Aspekte der Umweltproblematik, wodurch ein Bezug zum Alltag der Empfänger erschwert ist.
- Die alltagspraktische Vermittlung von Kenntnissen der natürlichen Faktoren und Prozesse im eigenen nahen Lebensraum, das konkrete Einüben eines schonenden Umgangs mit natürlichen Ressourcen und die Tradierung entsprechender Werte sind unter den Bedingungen materiellen Wohlstandes und zunehmend urbaner Lebensweisen marginal. Sie werden deshalb auch durch die Medien ignoriert.

PT 10. Probleme der sozioökonomischen Handlungsbedingungen

Selbst individuell stark ausgeprägte Bereitschaften zu Verhaltensänderungen können nur dann als tatsächliche Handlungen ausgeführt werden, wenn die sozioökonomischen Randbedingungen dies mindestens zulassen, wenn nicht sogar unterstützen und fördern.

In bezug auf die Ausführung umweltgerechterer Handlungsalternativen ergeben sich aus den aktuell herrschenden sozioökonomischen Randbedingungen zahlreiche restringierende oder restriktive Einschränkungen, während positive Anreize für Verhaltensänderungen weitgehend fehlen:

- Es bestehen dominante, meistens fremdbestimmte oder strukturbedingte Hand-lungszwänge, welche wohl eine umweltverantwortliche Wert- und Handlungs*einstellung* noch zulassen, die zugehörige Handlungs*ausführung* aber verhindern.
- Die Ausführung umweltverantwortlichen Handelns wird unter den herrschenden Bedingungen zumeist negativ «belohnt» (z. B. durch erhöhte Kosten und höheren Zeitaufwand), sozial negativ sanktioniert (z. B. durch Imageverluste), oder ökonomisch durch Setzung negativer oder Fehlen positiver Anreize fehlgesteuert.
- Obwohl für verschiedene Personen, singulär oder als Mitglieder ökonomischer Einheiten auf liberalisierten Märkten betrachtet, ungleiche Handlungsbedingungen bestehen, werden diese in der Regel ohne Berücksichtigung ihrer Ungleichartigkeit auf die Effizienz der von ihnen erbrachten Leistungen verglichen, z. B. in Form einer sozial wirksamen Imagekonkurrenz oder in einer existentiell wirksamen ökonomischen Konkurrenz. Diesen Vergleich halten sie nicht aus.
- Der Wert der Folgen umweltverantwortlichen Handelns ist häufig nicht einschätzbar, während die Kosten solchen Handelns sehr wohl bekannt sind, d. h. die subjektive Kosteneffizienz bleibt uneinschätzbar, so dass die Vermeidung von Kosten und somit das *nicht* umweltverantwortliche Handeln dominiert.
- Frühere, nicht ökologisch orientierte Investitionsentscheidungen ziehen fortdauernde Amortisations- und Renditeerwartungen nach sich und blockieren damit ökologisch orientierte Neuerungen und Neuinvestitionen.

PT 11. Probleme der externen Handlungssteuerung durch rechtliche Normen

Individuelles umweltverantwortliches Handeln kann dann eher realisiert werden, wenn das geltende Recht solche Intentionen durch übergeordnete Normen, konkrete Anreize und Gebote unterstützt und diese auch nicht durch handlungshemmende Vorschriften behindert.

Diese Voraussetzung ist im Umweltbereich in verschiedener Hinsicht nicht gegeben:

- In der Regel hinkt die Umweltgesetzgebung der wirtschaftlichen und technologischen Entwicklung um Jahre bis Jahrzehnte nach, so dass normative Orientierungen oft während langer Zeit fehlen und eine nicht wünschenswerte Offenheit problematischer Handlungsspielräume entsteht.
- Ökonomische Anreize und die Ausgestaltung von Steuern und Abgaben begünstigen derzeit überwiegend noch das nicht umweltgerechte Verhalten und erschweren entsprechende Verhaltensänderungen.
- Der Versuch normativer Einflussnahmen auf individuelles Verhalten durch Gebote, Verbote, Verordnungen, Bewilligungspflichten usw. impliziert die Gefahr, durch Reaktanzreaktionen der Betroffenen den angestrebten Effekt zu verfehlen.
- Durch die spezifische Art und Weise der Entstehung von Umweltproblemen sind dem Vollzug von normativen Prinzipien in der Praxis (z. B. bei der konsequenten Durchsetzung des Verursacherprinzips) schwer überwindbare Grenzen gesetzt.

PT 12. Probleme der politischen Planung, Strategiebildung und Entscheidung

Was für die Handlungsregulation im individuellen Alltagshandeln gilt, ist sinngemäss auch für politisches Handeln gültig: Handlungsziele, Handlungsprämissen, Handlungsmittel, Handlungsfolgen und Zuständigkeiten müssen aufeinander beziehbar sein.

In bezug auf umweltrelevante politische Entscheidungen ist wie beim Alltagshandeln diese Voraussetzung in vieler Hinsicht nicht erfüllt. Die politischen Entscheidungsstrukturen sind dem spezifischen Charakter der Umweltproblematik, insbesondere ihren globalen und weit in die Zukunft reichenden Aspekten nur ungenügend angepasst:
- Es bestehen eingeschränkte oder fehlende Kontrollstrukturen sowie Mängel der Institutionalisierung und Regulation des Entscheidungshandelns, das im Umweltbereich häufig auf unsicheren Grundlagen erfolgen muss (Wert- und Zielkonflikte, ungenügende Kenntnis der Ausgangslage und der Wirksamkeit und Folgen von möglichen Massnahmen).
- Die Entscheidungen werden nur ungenügend zur Gewinnung neuer Entscheidungsgrundlagen evaluiert, und erkannte Fehlentscheidungen sind nur beschränkt revidierbar, teilweise aufgrund der Inkompatibilität von Zeitbudget und objektivem Zeitbedarf für umweltrelevante Massnahmen und deren Folgen.
- Die Divergenz der Zeithorizonte in politischer Entscheidungsbildung, Massnahmensteuerung und Massnahmenevaluation und der erforderlichen Langfristigkeit umweltorientierter Entscheidungen hat bislang keine Form der Institutionalisierung gefunden.
- Die zunehmende Homogenisierung der entscheidungsrelevanten Bedingungen auf praktisch allen Handlungsfeldern wird es zukünftig faktisch unmöglich machen,

erkannte Fehlentscheidungen aufgrund der Erfahrungen in divergenten, weil nicht homogenisiert gewesenen Erfahrungsfeldern zu revidieren.

- Die sektorielle Struktur politischer Institutionen (Umweltpolitik als Sektor *neben* z. B. Energie-, Wirtschafts- und Sozialpolitik) erschwert den adäquaten Umgang mit der grundsätzlich sektorenübergreifenden Umweltproblematik.

Die systematische Explikation von Einzelproblemen und die Generierung von Problemtypen in unserem Projekt wird die Entwicklung von Strategien ermöglichen, die abzuschätzen erlauben, welche konkreten Massnahmen in bestimmten Handlungsfeldern am ehesten günstige Bedingungen für angestrebte Verhaltensänderungen ergeben. Solche Strategien können aber weder sachlich deterministisch noch normativ dogmatisch sein, das heisst, sie müssen für die weitere wissenschaftliche und politische Diskussion offen sein. Prozesse der Veränderung von Verhaltensweisen sind immer dynamisch und im einzelnen nur bedingt vorhersagbar. Wir plädieren deshalb beim Versuch der Umsetzung solcher Strategien für eine antitotalitäre und fehlertolerante, weil überprüfbare und korrigierbare Sozialtechnologie, etwa im Sinne der Popperschen «Stückwerktechnologie» (vgl. Popper, 1953). Entscheidende Voraussetzung zur Anwendung eines solchen Verfahrens scheint uns aber zu sein, diejenigen positiven oder negativen Bedingungen zu identifizieren, die eine *meist nur unterstellte* Autonomie — als selbstbestimmte Fähigkeit zu umweltverantwortlichem Handeln verstanden — real ermöglichen oder real einschränken. Es müssen also die physischen, mentalen, politischen, wirtschaftlichen und sozialen Bedingungen benannt und zur Diskussion gestellt werden, die die individuelle Freiheit zu umweltverantwortlichem Handeln konstituieren. Dies impliziert, die laufende Debatte zur Diskrepanz zwischen *Wissen und Handeln*, die zumeist im Beklagen mangelnden Willens endet, durch eine substantielle Thematisierung der Kluft zwischen *Wollen und Können* zu erweitern (vgl. Fuhrer et al., 1994).

Literatur

Foppa, K. (1989). *Grundlagen einer ipsativen Theorie des Handelns*. Unveröffentlichtes Manuskript.

Fuhrer, U., Kaiser, F. G., Seiler, I., Maggi, M., Jöri, M. und Steinmann, S. (1994). Umweltverantwortliches Handeln hat soziale Grundlagen. *Panorama, 3*, 7–13.

Gessner, W., Häuselmann, C. und Kaufmann-Hayoz, R. (Hrsg.) (1993). *Umweltverantwortliches Handeln. Konzept — Explikation — Applikation*. Bern: SPZ Umweltverantwortliches Handeln.

Hirsch, G. (1993). Wieso ist ökologisches Handeln mehr als eine Anwendung ökologischen Wissens? *Gaia, 2*, 141–151.

Naess, A. (1989). *Ecology, Community and Lifestyle. Outline of an Ecosophy*. Cambridge: Cambridge University Press.

Nozick, R. (1993). *The Nature of Rationality*. Princeton: Princeton University Press.

Popper, K. R. (1953). *The Poverty of Historicism*. London: Routledge and Kegan Paul.

Preuss, S. (1991). *Umweltkatastrophe Mensch*. Heidelberg: Asanger.

Shrader-Frechette, K. (1989). Ecological Theories and Ethical Imperatives: Can Ecology Provide a Scientific Justification of Ethics? In: W. R. Shea and B. Sitter (Eds), *Scientists and their Responsibility*. Canton MA: Watson, 73–104.

Usher, M. und Erz, W. (1994). *Erfassen und Bewerten im Umweltschutz*. Heidelberg: Quelle und Meyer.

Individual and Social Perception of Risk

Ortwin Renn
Akademie für Technikfolgenabschätzung in Baden-Württemberg
Stuttgart

The social experience of risk has been the focus of many studies. The perception of risk among the general public is a rather complex phenomenon that cannot be described on the basis of a single theory or model. The major accomplishment in the psychological research was the discovery of the qualitative risk characteristics and the semantic images that serve as heuristic tools for classifying and evaluating risk sources or activities. Sociological research has been essential in pointing out the organizational constraints of risk behavior as well as the mobilization potential of risk issues with respect to the allocation of social resources and the experienced inequities of benefit-risk distributions. The relative weights of these factors in evaluating risks depend on social and cultural factors. In contrast to studies on risk perception and attitudes, behavioral responses to risk have triggered less interest in the research communities despite the fact that the correlation between attitudes and behavior is normally weak. Several recent studies include trust and credibility, social values, and political mobilization as predictors for risk responses. The recently suggested metaphor of social amplification may provide an umbrella to integrate perception and response studies and to improve the predictive capability of social models of risk experience.

Introduction

All risk concepts have one element in common: the distinction between reality and possibility (Markowitz, 1991; Evers and Nowotny, 1987). If the future is either predetermined or independent of present human activities, the term "risk" makes no sense. Assuming that the distinction between reality and possibility is accepted, the term "risk" denotes the possibility that an undesirable state of reality (adverse effects) may occur as a result of natural events or human activities (cf. National Research Council, 1983; Fischhoff et al., 1984; Luhmann, 1990). This definition implies that humans can and will make causal connections between actions (or events) and their effects and that undesirable effects can be avoided or mitigated if the causal events or actions are avoided or modified. Risk is therefore both a descriptive and a normative concept. It includes the analysis of cause-effect relationships, which may be scientific, anecdotal, religious or magical

(Douglas, 1966); but it also carries the implicit message to reduce undesirable effects through appropriate modification of the causes or, though less desirable, mitigation of the consequences.

The beginning of risk analysis was marked by technical analyses of calculating probabilities for undesirable outcomes of human activities or natural events based on observed frequencies of these outcomes in the past. Technical analysis provides society with a narrow definition of undesirable effects and confines possibilities to numerical probabilities based on relative frequencies. However, this narrowness is a virtue as much as it is a shortcoming. Focused on "real" health effects or ecological damage, technical analyses are based on a societal consensus of undesirability and a (positivistic) methodology that assures equal treatment for all risks under consideration. The price we pay for this methodological rigor is the simplicity of an abstraction we make from the culture and context of risk-taking behavior.

The social science perspectives on risk broaden the scope of undesirable effects, include other ways to express possibilities and likelihood, and expand the understanding of reality to include the interpretations of undesirable events and "socially constructed" realities (Renn, 1992b). Within the social sciences two schools of thought have evolved focusing either on an objective or a constructivist understanding of risk (Bradbury, 1989). According to the first risk concept, risk is seen as an objective property of an event or activity and measured as the probability of well-defined adverse effects, including social impacts. According to the second view, risk is seen as a cultural or social construct which reflects social values and lifestyle preferences. These two positions represent extremes in a spectrum of risk perspectives.

In my own view, I prefer to conceptualize risk partly as a social construct and partly as an objective property of a hazard or event (Renn, 1992b; Renn et al., 1992, cf. Short 1989, p. 405). To treat risk as both an objective property and a social construct avoids the problem of total relativism on one hand and of technological determinism on the other hand. Manifestations of risk, i. e. accidents or releases of harmful substances, are called "hazardous events." These events are real and objective — in the sense that people or the environment are harmed. Hazardous events remain largely irrelevant in the social context unless they are observed by human beings and communicated to others (Luhmann 1986, p. 63). The consequences of these communication efforts may lead to other physical transformations, such as changes in technologies, methods of land cultivation, or the composition of water, soil, and air. The experience of risk is therefore not an experience of physical harm but the result of a process by which individuals or groups learn to acquire or create interpretations of hazards. These interpretations provide rules of how to select, order, and often explain signals from the physical world.

This paper attempts to review the present knowledge of risk perception and to explain the psychological and social factors that shape the experience of risk. The main objective of this paper is to integrate the results of psychological, sociological, and cultural studies and present the major findings of the social sciences as they seem relevant for risk perception and communication.

How Do Individuals Perceive Risks?

Attention and Selection Filters

Most risks that modern society faces are not experienced by human senses but learned through communication. Rarely do we face disasters personally; however, the media provide us with ample information about hazardous events wherever they take place. The dangers of technologies or nature, the risks of food additives or chemicals in drinking water, the threat of nuclear disaster or a chemical explosion would probably never reach public attention unless society communicates about these adverse possibilities. Risk perception is less a product of experience or personal evidence than a result of social communication (Luhmann, 1986).

This observation has major consequences: Today's society provides an abundance of information, much more than any individual can digest. It is assumed that the average person is exposed to 7,000 bits of information each day of which s/he perceives around 700, acknowledges 70, stores seven in the short term memory and may remember less than one in the longer term. Most information to which the average person is exposed will be ignored. This is not a malicious act but a sheer necessity in order to reduce the amount of information a person can process in a given time. Human evolution has provided us with an almost automated and often subconscious tool of selecting the important information from the abundance of information supplies.

In order to economize information processing, individuals are likely to evaluate whether it is necessary to study the content of the information in detail or to make a fast judgment according to some salient cues in the message received. The first strategy refers to the central route of information processing, the second to the peripheral route (Petty and Cacioppo, 1986; Renn and Levine, 1991). The *central route* is taken when the receiver is so highly motivated by the message that s/he studies each argument carefully. The *peripheral route* is taken when the receiver is less inclined to deal with each argument, but forms an opinion or even an attitude on the basis of simple cues and heuristics. The two routes are illustrated in Figures 1 and 2. The figures illustrate the corresponding processes of information processing (Figure 1 the central, Figure 2 the peripheral route). Although both routes are identical in the beginning of the perception process, they differ sharply when it comes to evaluating the perceived information.

In the central mode, the receiver performs two types of evaluations: first, an assessment of the probability that each argument is true; and second, an assignment of weight to each argument according to the personal salience of the argument's content. The credibility of each argument can be tested by referring to personal experience, plausibility, and

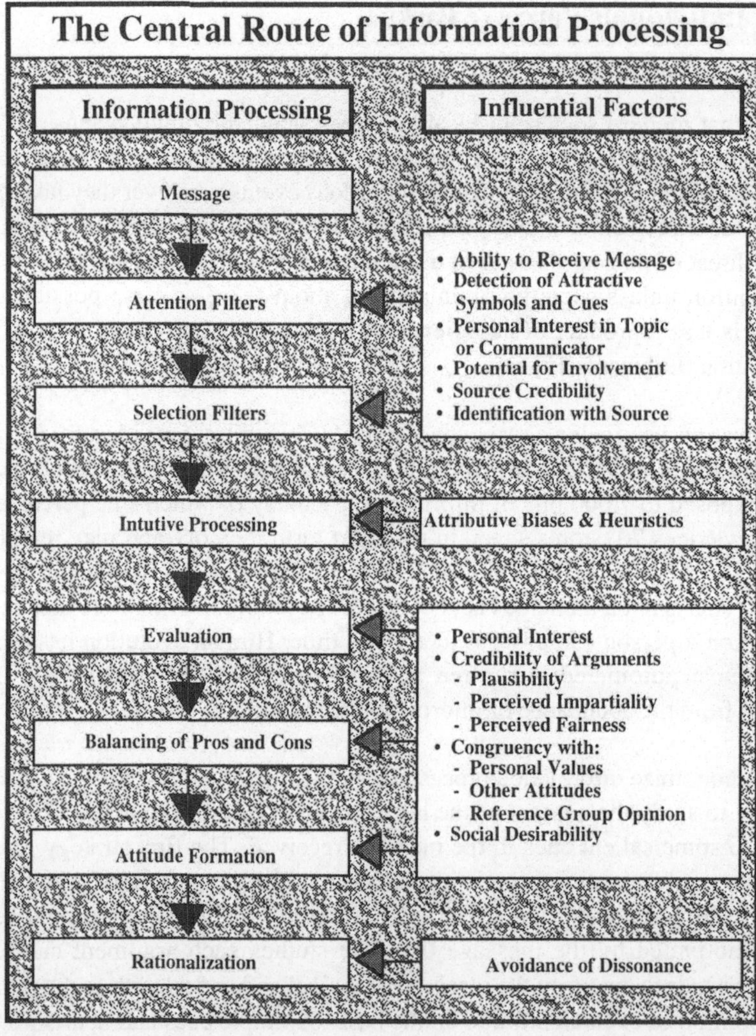

Figure 1. *The central route of information processing*
In the central mode, the receiver performs two types of evaluations: first, an assessment of the probability that each argument is true; and second, an assignment of weight to each argument according to the personal salience of the argument's content. The major incentives for changing an attitude in the central mode are the proximity with and the affinity to one's own interests, values, and world views.

perceived motives of the communicator. The major incentives for changing an attitude in the central mode are the proximity with and the affinity to one's own interests, values, and world views. In the peripheral mode, receivers do not bother to deal with each argument separately, but look for easily accessible clues to make their judgment on the whole

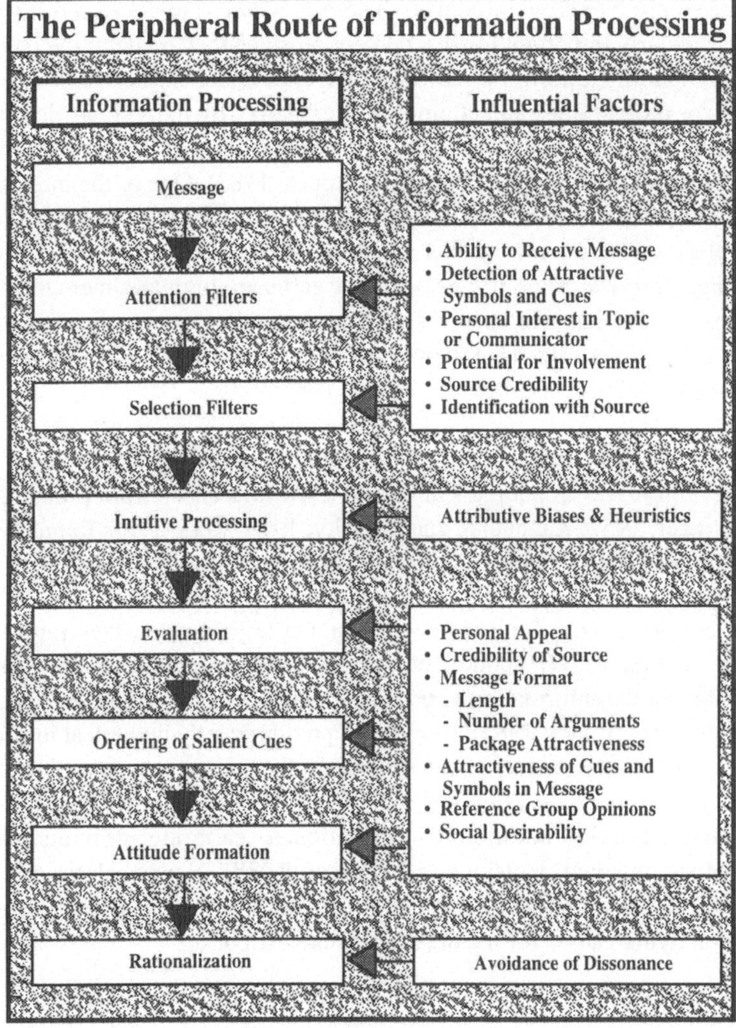

Figure 2. *The peripheral route of information processing*
In the peripheral mode, receivers do not bother to deal with each argument separately, but look for easily accessible clues to make their judgment on the whole package. Examples of such cues are the length of a message, the number of arguments, the package (color, paper, graphic appeal, and others), and the presence of symbolic signals that trigger immediate emotional responses.

package. Examples of such cues are the length of a message, the number of arguments, the package (color, paper, graphic appeal, and others), and the presence of symbolic signals that trigger immediate emotional responses (cf. Kasperson et al., 1988).

Intuitive Heuristics

Once information has been received, common sense mechanisms process the information and help the receiver to draw inferences. These processes are called intuitive heuristics. They are particularly important for risk perception since they relate to the mechanisms of processing probabilistic information. Early psychological studies focused on personal preferences for probabilities and attempted to explain why individuals do not base their risk judgments on expected values, i. e. the product of probability and magnitude of an adverse effect (Pollatsek and Tversky, 1970; Lopes, 1983). One of the interesting results of these investigations was the discovery of systematic patterns of probabilistic reasoning that are well suited for most everyday situations. People are risk averse if the stakes of losses are high and risk prone if the stakes for gains are high (Kahneman and Tversky, 1979). Many people balance their risk taking behavior by pursuing an optimal risk strategy which does not maximize their benefits but assures a satisfactory payoff and the avoidance of major disasters (Luce and Weber, 1986).

Second, more specific studies on the perception of probabilities in decision making identified several biases in people's ability to draw inferences from probabilistic information (Festinger, 1957; Kahneman and Tversky, 1979; Ross, 1977; Renn, 1990). These biases are summarized in the following table (Table 1):

Although these biases constitute clear violations of logical rules, they might have been overrated in the literature (Fischhoff et al., 1981). Many laboratory situations provide insufficient contextual information to provide enough cues for people on which they can base their judgments (Lopes, 1983). Relying on predominantly numerical information and being unfamiliar with the subject, many subjects in these experiments retrieve to "rules of thumb" in drawing inferences. In many real life situations, experience of and familiarity with the context provide additional information to calibrate individual judgments, particularly for nontrivial decisions (cf. Heimer, 1988). Nevertheless, risk managers should be aware of these biases because they are found in public perception and may be one of the underlying causes for the observed public response.

Semantic Images

Psychological research has revealed different meanings of risk depending on the context in which the term is used. With respect to technological risk four distinct semantic images can be identified (Renn, 1990). These four semantic models of risk are

Table 1. *Intuitive biases of risk perception*

BIASES	DESCRIPTION
Availability:	Events that come to people's mind immediatly are rated as more probable than events that are less mentally available.
Anchoring effect:	Probabilities are adjusted to the information available or the perceived significance of the information.
Representativeness:	Singular events experienced in person or associated with properties of an event are regarded as more typical than information based on frequencies.
Avoidance of cognitive dissonance:	Information that challenges perceived probabilities that are already part of a belief system will either be ignored or downplayed.

summarized in Table 2. In addition to these models, additional images of risk exist for natural disasters and lifestyle risks.

Qualitative Risk Characteristics

In addition to the images that are linked to different risk contexts, the type of risk involved and its situational characteristics shape individual risk estimations and evaluations (Slovic, 1987; Renn, 1990). Psychometric methods have been employed to explore these qualitative characteristics of risks. The following contextual variables of risk have been found to affect the perceived seriousness of risks (Slovic et al., 1981; Vlek and Stallen, 1981; Covello, 1983; Gould et al., 1988; Renn, 1990; Jungermann and Slovic, 1993):

The expected number of fatalities or losses: Although the perceived average number of fatalities correlates with the perceived risk of a technology or activity, the relationship is weak and generally explains less than 20 percent of the declared variance.

The catastrophic potential: Most people show distinctive preferences among choices with identical expected values (average risk). Low-probability high-consequence risks are usually perceived as more threatening than more probable risks with low or medium consequences.

Table 2. *The four semantic images of risk in public perception*

1. Pending Danger (Damocles' Sword)
– artificial risk source – large catastrophic potential – inequitable risk-benefit distribution – perception of randomness as a threat
2. Slow Killers (Pandorra's Box)
– (artificial) ingredient in food, water, or air – delayed effects; non-catastrophic – contingent on information rather than experience – quest for deterministic risk management – strong incentive for blame
3. Cost-benefit Ratio (Athena's Scale)
– confined to monetary gains and losses – orientation towards variance of distribution rather than expected value – asymmetry between risks and gains – dominance of probabilistic thinking
4. Avocational Thrill (Hercules' Image)
– personal control over degree of risk – personal skills necessary to master danger – voluntary activity – non-catastrophic consequences

Situational characteristics: Surveys and experiments have revealed that perception of risks is influenced by a series of perceived properties of the risk source or the risk situation. Among the most influential factors are: the perception of dread with respect to the possible consequences; the conviction of having personal control over the magnitude or probability of the risk; the familiarity with the risk; the perception of equitable sharing of both benefits and risks; and the potential to blame a person or institution responsible for the creation of a risky situation. In addition, equity issues play a major role in risk perception. The more risks are seen as unfair for the exposed population, the more they are judged as severe and unacceptable (Kasperson and Kasperson, 1983; Short, 1984).

The beliefs associated with the cause of risk: The perception of risk is often part of an attitude that a person holds about the cause of the risk, i. e. a technology, human activity, or natural event. Attitudes encompass a series of beliefs about the nature, consequences, history, and justifiability of a risk cause (Thomas et al., 1980; Otway and Thomas, 1982). Due to the tendency to avoid cognitive dissonance, i. e. emotional stress caused by conflicting beliefs (Festinger, 1957), most people are inclined to perceive risks as more serious and threatening if the other beliefs contain negative connotations and vice versa. Often risk perception is a product of these underlying beliefs rather than the cause for these beliefs (Clarke, 1989).

It should be noted that the estimation of seriousness and the judgment about acceptability are closely related in risk perception. Most people integrate information about the magnitude of the risk, the fairness of the risk situation, and other qualitative factors into their overall judgment about the (perceived) seriousness of the respective risk.

How Do Social Factors Influence Risk Perception?

Institutional Trust and Confidence

Among the most influential social factors in shaping risk perception and responses social networks and reference group judgments are particularly influential since most information about risk is not learned through personal experience and senses but through "second-hand" learning. With the advent of ever more complex technologies and the progression of scientific methods to detect even smallest quantities of harmful substances, personal experience of risk has been more and more replaced by information about risks and individual control over risk by institutional risk management. As a consequence, people rely more than ever on the credibility and sincerity of those from whom they receive information about risk. Thus, trust in institutional performance has been a major key for risk responses. Trust is able to compensate for even a negative risk perception and distrust may lead people to oppose risks even when they are perceived as small.

Trust on a personal level is a subjective exception that a person will refrain from behavioral options that may harm the trusting person. Trust necessarily entails risk-taking, but, in contrast to the scientific endeavor of predicting the probability of potential outcomes, trust implies that the selection of options is left to the entrusted person or institution. Due to the perceived competency and honesty of the entrusted entity, one does not need to bother with assessing the outcomes of actions and with controlling the decision making process of that entity (Luhmann, 1973; 1980). This saves time and effort.

On a more aggregate level, trust denotes a generalized medium of social differentiation and division of labor (Parsons, 1960). The performance of specialized institutions in economy and government relies on a prior investment of trust by those who are served by this institution or finance its functioning. Total control would imply that the control agencies would need the same expertise and the same time allocation as the performing institution. Such an arrangement would neutralize the desired effect of social differentiation and ultimately lead to a society of intimate clans performing all necessary social, economic, and political functions simultaneously. By shortcutting normal control mechanisms, trust can be a powerful agent for efficient and economical performance of social tasks (Durkheim, 1933; Luhmann, 1973).

It is obvious that modern societies face difficulties in providing sufficient trust for reaching consensus on its complex and differentiated activities. All public institutions have lost trust and credibility over the last two decades except for the news media (Lipset and Schneider, 1983). Trust and credibility losses are high for industry, the political system, and many government agencies. Science still has a high degree of credibility although much less than two decades ago. Most sociologists believe that the decline of confidence in public institutions is partially a function of better education and the increase of public aspirations with respect to their share of public resources and welfare (Lipset and Schneider, 1983; Katz et al., 1975). In addition, the complexity of social issues and the pluralization of values and lifestyles may have contributed to a growing dissatisfaction with the actual performance of institutions (Renn, 1986). But at the same time, most people are confident in the governmental and economic system and do not support fundamental changes in the organizational structure of society. Therefore, the crisis of confidence is not so much in the system as in the competence and performance.

Lack of trust does not indicate, however, a declining relevance of trust for governing modern societies and managing technological risks. The contrary is true. The reliance of the technological society on trustful relationships between and among its subsystems has never been stronger than today. However, such a need for trust makes people more and more sensitive towards situations in which their investment of trust has been factually or allegedly misguided. The more trust is needed for implementing cooperative efforts or for coping with external effects of social actions, the more cautious are people in assigning credibility to those whom they are supposed to trust.

This is particularly relevant for risk issues. Since the notion of risk implies that random events may trigger accidents or losses, risk management institutions are always forced to legitimate their action or inaction when faced with an accident. On the one hand they can cover up mismanagement by referring to the alleged randomness of the event (labeling it as unpredictable outcome or an act of God), on the other hand they may be blamed for events for which they could not possibly provide protective actions in advance (Luhmann, 1986). The stochastic nature of risk demands trustful relationships between risk managers and risk bearers, since single events do not prove nor disprove management failures; at the same time they provoke suspicion and doubt.

Value Commitments

Positions towards risks of technologies or human activities differ as a result of divergent views about the goal(s) and values that are to be accomplished by providing risk-related technologies for production, consumption or distribution. In the social sciences, values are placed in clusters that seem to belong together although most people are characterized by mixed value systems (Fiorino, 1989). These clusters are summarized in Table 3.

In contrast to many popular views, there is not a universal shift towards postmaterialistic values throughout the western world (Klages, 1984). It is true that these values have become more important and can be found on the value priority list of almost every individual, but the claim of a new postmaterialistic personality is total fiction. Most people demonstrate a mix of all value clusters depending on context and social relations. A vast majority of people is still interested in gaining additional personal income (even if they rate it low on the scale of personal aspirations). Even unfashionable virtues such as discipline and efficiency have their place in most people's value portfolio. However, many

Table 3. *Value clusters and their social and cultural functions*

CLUSTER NAME	EXAMPLES	FUNCTION
traditional values	patriotism, regional or ethnic identity, social status, family stability	group and cultural identity
work ethics	diligence, punctuality, efficiency, discipline, deferred gratification	functionality, efficiency
hedonistic values	consumption, enjoyment, fun, immediate gratification	incentive, motivation
postmaterialistic values	harmony, social responsibility, environmental quality, decentralization, quality of life	moral legitimation, cultural commitment

of the traditional and work-related values are withdrawn from situations in which they used to be the dominating orientations. This has been the case with many technologies: they were perceived as manifestations of work ethics and hedonistic values (production and consumption), but are increasingly related to postmaterialistic concerns. This shift in value application is partially responsible for the perception of ambivalence, which is so typical for modern attitudes towards technologies.

Since values have an impact on technology evaluation, responses to risk rely on the requirement that they load high on each value cluster except for the traditional values. Traditional values are normally disassociated with the use of technologies. Positive responses to risk-related technologies or activities depend on the possibility of the evaluator to forge links between the three value clusters and the development or use of the technologies under consideration. That is why technology design and development should acknowledge and incorporate the likely implications of new products or processes for the three major value clusters. If the perceived implications meet all three clusters, acceptance problems are unlikely to play a major role in the diffusion process.

The Social Arena of Risk

Beyond the problem of trust and social values in risk management institutions, risk debates take place in a political context in which risk reduction may only be one objective among others. Using the metaphor of an arena, social conflicts can be described as a struggle between various actors on the arena stage, controlled by a rule enforcement agency (usually a governmental institution) and observed by professional "theater critics" (the media) who interpret the actions on the stage and transmit their reports to a larger audience (Lowi, 1967; Kitschelt, 1980; O'Riordan, 1983; Renn, 1992a).

To be successful in a social arena, it is necessary to mobilize social resources. These resources can be used to gain attention and support of the general public, to influence the arena rules, and to "score" in the arena in competition with the other actors. *Social resources include: money, power, social influence, value commitment, and evidence* (cf. Parsons, 1963). Money provides incentives (or compensation) for gaining support; power is the legally attributed right to impose a decision on others; social influence produces a social commitment to find support through solidarity; value commitment induces support through persuasion and trust; and evidence can be used to convince persons about the likely consequences of their own actions. Resources are not the ends of the actors, but the means to accomplish their goals.

Actors will enter risk arenas if they expect this will provide them with an opportunity to gain more resources (Renn, 1992a; Kitschelt, 1980; Dietz et al., 1989). Beyond their reservoir of resources at any time, they can gain more resources by exchanging one resource for another (for example, winning public trust by sharing power through participation or exchanging evidence for prestige) and by communicating to other actors and the media. The objective of communication is to receive public support and to mobilize other groups for one's own cause. The more resources a group can mobilize in an arena, the more likely it is that it dominates the conflict resolution process and gets its point of view incorporated in the final decision.

The outcome of the arena process is undetermined. On the one hand, various actors may play out different strategies that interact with each other and produce synergistic effects (*game theoretical indeterminacy*). Strategic maneuvering can even result in an undesired outcome that does not reflect the stated goal of any actor and may indeed be suboptimal for all participants. On the other hand, interactions in the arena change the arena rules (*structural indeterminacy*). Novel forms of political actions may evolve as actors experience the boundaries of tolerance for limited rule violations. Both characteristics of arenas limit the use of arena theory for predictions, but do not compromise its value for explanation and policy analysis.

Risk arenas operate under similar structural rules and constraints like any other arena. Risk debates focus on two issues: what is an acceptable level of risk and how are risks and benefits distributed in society? All social groups which feel that their interests or values are affected by a specific risk source may be compelled to enter the arena. Success in the risk arena relies on the social actors' ability to mobilize resources. Beyond these commonalties that risk arenas share with all other arenas, there are some specific characteristics of risk arenas that are worth mentioning.

1. *The evidence trap:* Finding a viable compromise in conflicts requires an agreement on evidence. If each group provides conflicting evidence about factual impacts, it is hard to reach a consensus. The less maneuverability groups have in making factual claims without being "falsified", the more likely it is that they will reach similar conclusions in terms of evidence. This increases the value of evidence for social mobilization. In risk issues this normalizing effect of evidence through reality checks is less powerful than in other arenas, because the stochastic nature of the potential consequences (uncertainty) does not allow any inference with respect to a single facility or event. Consequently, there are competing and rationally defensible strategies for coping with risk, such as using the expected value as an orientation for risk acceptability or taking the "Minimax approach" (minimize your maximum regret).

2. *The symbolic nature of risk issues for distributional conflicts:* Risk arenas attract social groups which demand legitimation of existing distributional practices. The risk as such may not be the trigger for entering the stage but rather its symbolic meaning

for decision-making processes in society and for existing power structures. Such groups use the risk arena to mobilize social resources for affecting policies in other arenas.

3. *Social desirability:* The tendency to use a risk arena for other purposes is also reinforced by the saliency of the risk issue for the audience. Affluent societies show strong concerns for health, safety, and environment. Mobilization strategies that build on common concerns can be very effective in generating value commitment and social influence. Risk issues are excellent candidates for piggybacking one's own claims with the respective "hot" risk issue.

4. *Structural weakness of risk management agencies:* Risk management agencies face the dilemma of dealing with ambiguities and thus often do not succeed in exchanging power for other desired resources. In particular, they have difficulties exchanging institutionally provided evidence for trust, since evidence is so contested. As a result they are unable to mobilize social resources beyond their power reservoir. Because of the weak position of the rule enforcement agencies, risk arenas tend to experience more rule innovations than other arenas where strong enforcement agencies are present.

The plurality of evidence, the weak role of rule enforcement agencies, the tendency of the risk debate to attract symbolic connotations, and the public responses of moralization and polarization have all contributed to the importance of the risk issue in contemporary societies. The German sociologist U. Beck (1986) has even characterized modern industrial societies as "risk societies". According to his view, the inequities based on the unequal opportunities of social actors to imposing risks on others has replaced the previously dominant equity issue of unfair distribution of wealth.

Cultural Group Affiliations

In recent years, anthropologists and cultural sociologists have investigated the social response to risk and have identified four or five patterns of value clusters that separate different cultural groups from each other (Thompson, 1980; Douglas and Wildavsky, 1982; Rayner and Cantor, 1987; Schwarz and Thompson 1990; Thompson et al., 1990). These different groups have formed specific positions on risk topics and have developed corresponding attitudes and strategies. They differ in the degree of *group* cohesiveness (the extent to which someone finds identity in a social group), and the degree of *grid* (the extent to which someone accepts and respects a formal system of hierarchy and procedural rules).

There are four major groups in modern society that are likely to enter the risk arena: the entrepreneurs, the egalitarians, the bureaucrats, and the stratified individuals. They can be localized within the group-grid space (see Figure 3). Organizations or social groups belonging to the *entrepreneurial* prototype perceive risk taking as an opportunity to succeed in a competitive market and to pursue their personal goals (Rayner, 1987). They are characterized by a low degree of hierarchy and a low degree of cohesion. This group contrasts most with organizations or groups belonging to the *egalitarian* prototype, which emphasizes cooperation and equality rather than competition and freedom. Egalitarians are also characterized by low hierarchy, but have developed a strong sense of group cohesiveness and solidarity. When facing risks they tend to focus on long term effects of human activities and are more likely to abandon an activity (even if they perceive it as beneficial to them) than to take chances. The third prototype, i. e. the *bureaucrats,* relies on rules and procedures to cope with uncertainty. Bureaucrats are both, hierarchical and cohesive in their group relations. As long as risks are managed by a capable institution and coping strategies have been provided for all eventualities, there is no need to worry about risks. The fourth prototype, the group of *atomized or stratified individuals,* principally believe in hierarchy, but they do not identify with the hierarchy to which they belong. These people trust only themselves, are often confused about risk issues, and are likely to take high risks for themselves, but oppose any risk that they feel is imposed on them (Thompson, 1980).

Finally, the last group is the group of *autonomous individuals* in the center of the group-grid coordinates. Thompson describes autonomous individuals as self-centered hermits and short-term risk evaluators. I like to refer to them as potential mediators in risk conflicts, since they build multiple alliances to the four other groups and believe in hierarchy only if they can relate the authority to superior performance or knowledge (Renn, 1992b).

Cultural theory has been criticized on several grounds (Nelkin, 1982; Johnson, 1987; Renn, 1992b). First, most authors within the cultural theory emphasize that cultural prototypes do not characterize individuals but social aggregates. Second, the relationship between cultural prototype and organizational interest is unclear and problematic. If cultural affiliation precedes interest, then what determines to which cultural prototype groups or organizations belong? Third, the selection of the five prototypes as the only relevant cultural patterns in modern society needs more evidence than the reference to tribal organizations (Douglas, 1985) or generic models of human interactions (Wildavsky and Dake, 1990). Furthermore, if prototypes are mixed in organizations, then the perspective (similar to many sociological concepts) is not falsifiable. Any observed behavior is compatible with some mix of prototypes. Lastly, the cultural perspective has not provided sufficient empirical evidence of its validity.

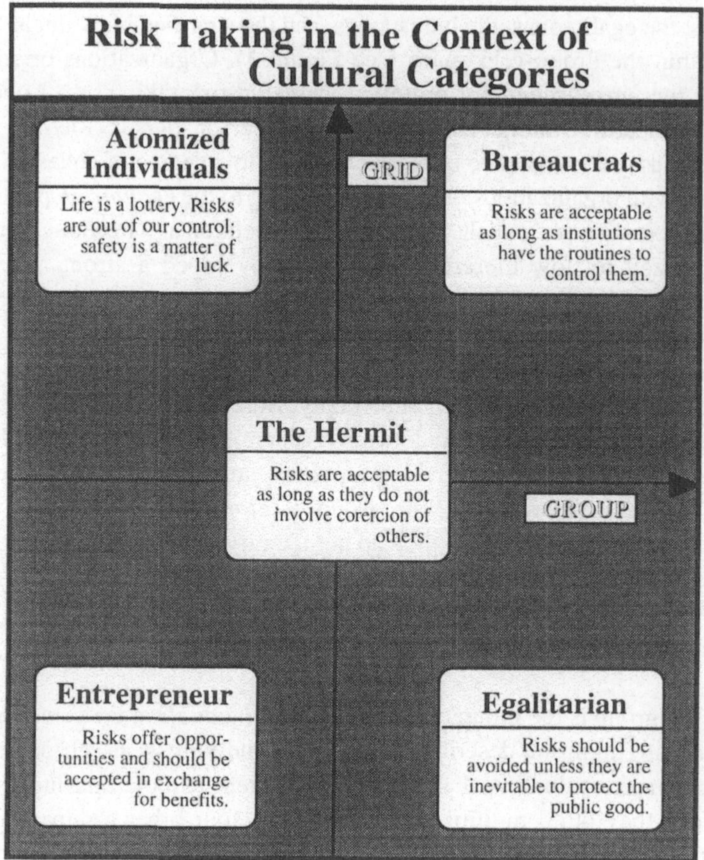

Figure 3. *Cultural prototypes and their risk profile*
Organizations or social groups belonging to the *entrepreneurial* prototype perceive risk taking as an opportunity to succeed in a competitive market and to pursue their personal goals. This group contrasts most with organizations or groups belonging to the *egalitarian* prototype, which emphasizes cooperation and equality rather than competition and freedom. When facing risks they tend to focus on long term effects of human activities and equity concerns. The third prototype, i. e. the *bureaucrats,* relies on rules and procedures to cope with uncertainty. As long as risks are managed by a capable institution and coping strategies have been provided for all eventualities, there is no need to worry about risks. The fourth prototype, the group of *atomized or stratified individuals,* are often confused about risk issues, and are likely to take high risks for themselves, but oppose any risk that they feel is imposed on them. Finally, the last group is the group of *autonomous individuals* in the center of the group-grid coordinates. They can be described as self-centered hermits or "born" communicators between the other groups.

The cultural theory of risk has its shortcomings and its merits. The reduction of cultural clusters to basically three important prototypes (entrepreneurial, egalitarian, and bureaucratic) may be a valid and intuitively plausible hypothesis in analyzing risk responses, but it should be treated as a hypothesis rather than the exclusive explanation. The emphasis on values and world views rather than interests and utilities (which in themselves are reflections of one world view) is a major accomplishment of this theory.

Social Amplification of Risk

In 1988, Kasperson and colleagues proposed a novel approach to study the social response to risk. The concept of *social amplification of risk* is based on the thesis that events pertaining to hazards interact with psychological, social, institutional, and cultural processes in ways that can heighten or attenuate individual and social perceptions of risk and shape risk behavior. Behavioral patterns, in turn, generate secondary social or economic consequences that extend far beyond direct harms to human health or the environment, including significant indirect impacts such as liability, insurance costs, loss of confidence in institutions, or alienation from community affairs (Kasperson et al., 1988).

Such secondary effects often trigger demands for additional institutional responses and protective actions, or, conversely (in the case of risk attenuation), place impediments in the path of needed protective actions. In accordance with the metaphor of amplification in the processing of electronic signals, amplification includes both intensifying and attenuating signals about risk. Thus, alleged overreactions of target audiences receive the same attention as alleged "down-playing".

The behavioral and communicative responses are likely to evoke secondary effects that extend beyond the people directly affected by the original hazard event. Secondary impacts are, in turn, perceived by social groups and individuals so that another stage of amplification may occur to produce third-order impacts. The impacts may spread or "ripple" to other parties, distant locations, or other risk arenas. Each order of impact will not only disseminate social and political impacts but may also trigger (in risk amplification) or hinder (in risk attenuation) positive changes for risk reduction.

Drawing upon this concept of social amplification of risk, Renn et al. (1992) investigated the functional relationships among five sets of variables that enter into the amplification process. The first class of variables included the physical consequences of 128 hazardous events (events that exposed humans or the environment to physical harm); the second class referred to the amount of press coverage about these 128 events; the third class entailed the individual layperson's perceptions with respect to these events; the fourth class described the public responses (individual behavioral intentions and group mobilization potential) to these hazards; and the fifth class contained the socioeconomic and political impacts of these events as measured by documents and a Group Delphi with experts. The study investigated the structure of causal relationships among these variable classes.

The most interesting result of this study is the weak link between casualties and most of the other variables. The best physical risk predictor is exposure rather than any other indicator of harm. Exposure contributes to dread and is also highly correlated with media coverage. Its direct influence on intended action is small, indicating that exposure operates

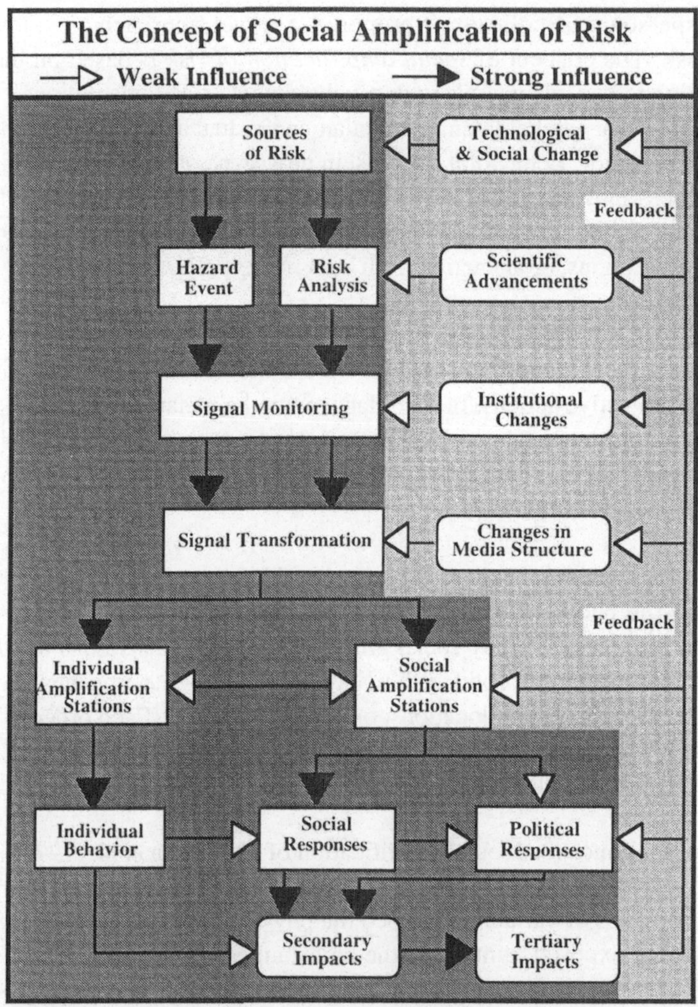

Figure 4. *The basic concept of the social amplification of risk*
Signals from physical events are transformed in communication signals and forwarded to social and individual amplification stations. These stations process the information and respond to the messages by sending out new information or acting upon the content of the received message. Individuals may form or change their opinions on an issue or demand changes with regard to risk management practices. Social and political stations may use the incoming information to promote structural and institutional innovations that would help to cope with the respective hazard. All these social actions trigger secondary and tertiary impacts: Economic losses, institutional changes, social mobilization, and other consequences may occur.

through risk perception variables to influence personal actions. The link between exposure and societal impacts, however, is not significant despite the initially high correlation between the two variables (0.48). Exposure appears to shape societal experiences with risk through the media and through perceptions and intended individual actions. The data reflect the major assumption of the social amplification model, i. e., that physical events are observed and interpreted by groups and individuals, amplified through individual and social processors, and then expressed in terms of societal consequences.

The social amplification framework provides an integrative concept. The distinction between individual and social amplification stations corresponds with the two traditions in risk perception: the individual processing of information and the social responses to risk based on experience of (dis)trust, the political arena conditions and cultural affiliations. It provides a more holistic picture of the risk perception process and takes into account psychological, sociological, and cultural aspects.

Conclusion

This list of individual and social factors that shape risk perception demonstrates that the intuitive understanding of risk is a multidimensional concept and cannot be reduced to the product of probabilities and consequences (Allen, 1987). Although risk perceptions differ considerably among social and cultural groups, the multi-dimensionality of risk and the integration of beliefs related to risk, the cause of risk, and its circumstances into a consistent belief system appear to be common characteristics of public risk perception in almost all countries in which such studies have been performed. Furthermore, the experience of risk is not limited to the threat of facing harm in the future. It includes subjective predictions of possible outcomes, the social and cultural context in which the risk is experienced, the mental images the risk situation evokes, the perception of the players who are involved in the risk situation and the judgments about fairness and equity related to the distribution of potential hazardous events. In this sense, risk is a social construct rather than a physical entity. However, this construct is not without physical foundation: people do face and fear disaster and natural degradation. Experiencing or expecting these physical changes are part of the social experience of risk, but it is not the only, in some instances not even the most important part of the social perception of risk.

Risk perception studies have revealed a multitude of elements that shape the individual and social experience of risk. First, individual and social risk experience appears to be more strongly related to exposure than to actual casualties on which most risk assessments are based. Second, individual perception is highly influenced by qualitative risk characteristics and semantic images. Rather than evaluating risk with a single yardstick, most people use different mental tools when estimating and evaluating risk sources or activities. These tools are internalized through cultural and social learning. Third, the processing of risk by the media, social groups, institutions, and individuals shapes the societal experience with risk and plays a crucial role in determining the overall intensity and scope of societal impacts. The degree of perceived physical harm is hence only indirectly related to the individual and social response to risk; these responses are the result of intermediary processes such as amplification in the media, outrage by disadvantaged groups, and political maneuvering. In addition, the psychological mechanisms of information processing are influenced and affected by social value commitments; social, political, and cultural associations; trust in institutions as well as the struggle for social resources.

From a normative perspective, knowledge about individual perceptions of risk cannot be translated directly into policies (Renn, 1990). If perceptions are partially based on biases or ignorance, it does not seem wise to use them as yardsticks for risk reduction. In addition, risk perceptions vary among individuals and groups. Whose perceptions should be used to make decisions on risk? At the same time, however, these perceptions reflect the real concerns of people and include the undesirable effects that the technical analyses of risk often miss. Facing this dilemma, in which way can risk perception studies contribute to improving risk policies (cf. Fischhoff, 1985)?

- They can identify and explain public concerns associated with the risk source;
- they can explain the context of the risk-taking situation;
- they can identify cultural meanings and associations linked with special risk arenas;
- based on this knowledge, they can help to articulate objectives of risk policies in addition to risk minimization, such as fairness, procedural equity, vulnerability, and institutional trust;
- they can design procedures or policies to incorporate these cultural values into the decision making process;
- they can design programs for participation and joint decision making;
- they can design programs for evaluating risk management performance and organizational structures for monitoring and controlling risks.

There is also no impartial referee available to judge the appropriateness of risk perceptions. Science may help to determine the magnitude of the risk but this information alone is not sufficient to make decisions about the acceptability of risks. The only viable resolution of these conflicts in democratic societies is by initiating a fair discourse among the major parties involved in the decision making process or affected by the decision outcomes (Habermas, 1971). Such a dialogue can be organized in form of advisory committees, citizen panels, formal hearings, and others (Fiorino, 1989; Renn et al., 1991). Risk communication and conflict resolution is therefore a crucial element of any risk management strategy.

The goal of risk communication and conflict resolution should not be to persuade people to accept whatever the communicator thinks is best for them. The ideal communication program envisions a receiver who processes all the available information to form a well-balanced judgment in accordance with the factual evidence, the arguments of all sides, and his/her own interests and preferences. The ultimate goal of risk communication is to reconcile expertise, interests, and public preferences.

References

Allen, F. W. (1987). Towards a holistic appreciation of risk: the challenge for communicators and policymakers. *Science, Technology, and Human Values*, *12(3/4)*, 138–143.

Beck, U. (1986). *Die Risikogesellschaft: Auf dem Weg in eine andere Moderne.* Frankfurt/ Main: Suhrkamp.

Bradbury, J. A. (1989). The policy implications of differing concepts of risk. *Science, Technology, and Human Values*, *14*, 380–399.

Clarke, L. (1989). *Acceptable Risk: Making Decisions in a Toxic Environment.* Berkeley, CA: University of California Press.

Covello, V. T. (1983). The perception of technological risks: a literature review. *Technological Forecasting and Social Change, 23,* 285–297.

Dietz, T., Stern, P. C. and Rycroft, R. W. (1989). Definitions of conflict and the legitimation of resources: the case of environmental risk. *Sociological Forum, 4,* 47–69.

Douglas, M. (1966). *Purity and Danger: Concepts of Pollution of Taboo.* Routledge and Kegan Paul: London.

Douglas, M. and Wildavsky, A. (1982). *Risk and Culture.* Berkeley, CA: University of California Press.

Douglas, M. (1985). *Risk Acceptability According to the Social Sciences.* New York: Russell Sage Foundation.

Durkheim, E. (1933). *The Division of Labor in Society.* New York: The Free Press (orig. 1893).

Evers, A. und Nowotny, H. (1987). *Über den Umgang mit Unsicherheit.* Frankfurt/Main: Suhrkamp.

Festinger, L. (1957). *A Theory of Cognitive Dissonance.* Stanford: Stanford University Press.

Fiorino, D. J. (1989). Technical and democratic values in risk analysis. *Risk Analysis, 9(3),* 293–299.

Fischhoff, B. (1985). Managing risk perceptions. *Issues in Science and Technology, 2(1),* 83–96.

Fischhoff, B., Lichtenstein, S., Slovic, P., Derby, S. L. and Keeney, R. L. (1981). *Acceptable Risk.* Cambridge, MA: Cambridge University Press.

Fischhoff, B., Watson, S. R. and Hope, C. (1984). Defining Risk. *Policy Sciences, 17,* 123–129.

Gould, L. C., Gardner, G. T., DeLuca, D. R., Tiemann, A., Doob, L. W. and Stolwijk, J. A. J. (1988). *Perceptions of Technological Risks and Benefits.* New York: Russel Sage Foundation.

Habermas, J. (1971). *Toward a Rational Society.* London: Heinemann.

Heimer, C. (1988). Social structure, psychology, and the estimation of risk. *Annual Review of Sociology, 14,* 491–519.

Johnson, B. B. (1987). The environmentalist movement and grip/group analysis: A modest critique. In: V. T. Covello and B. B. Johnson (Eds), *The Social and Cultural Construction of Risk* (pp. 147–178). Dordrecht: Reidel.

Jungermann, H. und Slovic, P. (1993). Charakteristika individueller Risikowahrnehmung. In: Bayerische Rückversicherung (Ed.), *Risiko ist ein Konstrukt* (pp. 89–107), München: Knesebeck.

Kahneman, D. and Tversky, A. (1979). Prospect theory: an analysis of decision under risk. *Econometrica* , *47,* 263–291.

Kasperson, R. E. and Kasperson, J. X. (1983). Determining the acceptability of risk: ethical and policy issues. In: J. T. Rogers and D. V. Bates (Eds), *Assessment and Perception of Risk to Human Health.* Conference Proceedings (pp. 135–155), Ottawa: Royal Society of Canada.

Kasperson, R. E., Renn, O., Slovic P., Brown, H. S., Emel, J., Goble, R., Kasperson, J. X. and Ratick, S. (1988). The social amplification of risk: a conceptual framework. *Risk Analysis, 8,* 177–187.

Klages, H. (1984). *Wertorientierungen im Wandel.* Frankfurt/Main: Campus.

Kitschelt, H. (1980). *Kernenergiepolitik.* Frankfurt/Main: Campus.

Lipset, S. M. and Schneider, W. (1983). *The Confidence Gap, Business, Labor, and Government in the Public Mind.* New York: The Free Press.

Lopes, L. L. (1983). Some thoughts on the psychological concept of risk. *Journal of Experimental Psychology: Human Perception and Performance, 9,* 137–144.

Lowi, T. J. (1964). Four systems of policy, politics, and choice. *Public Administration Review, 32,* 298–310.

Luce, R. D. and Weber, E. U. (1986). An axiomatic theory of conjoint, expected risk. *Journal of Mathematical Psychology* , *30,* 188–205.

Luhmann, N. (1973). *Vertrauen: Ein Mechanismus der Reduktion sozialer Komplexität.* Stuttgart: Enke, 2. Auflage.

Luhmann, N. (1980). *Trust and Power.* New York: Wiley.

Luhmann, N. (1986). *Ökologische Kommunikation.* Opladen: Westdeutscher Verlag.

Luhmann, N., (1990). Technology, environment, and social risk: a systems perspective. *Industrial Crisis Quarterly, 4,* 223–231.

Markowitz, J. (1991). *Kommunikation über Risiken: Eine Problemskizze.* Manuscript, University of Bielefeld: Bielefeld.

National Research Council, Committee on the Institutional Means for Assessment of Risks to Public Health (1983). *Risk Assessment in the Federal Government: Managing the Process.* National Academy of Sciences. Washington: National Academy Press.

Nelkin, D. (1982). Blunders in the business of risk. *Nature, 298,* 775–776.

O'Riordan, T. (1983). The cognitive and political dimension of risk analysis. *Environmental Psychology, 3,* 345–354.

Otway, H. and Thomas, K. (1982). Reflections on risk perception and policy. *Risk Analysis, 2,* 69–82.

Parsons, T. E. (1960). Pattern variables revisited. *American Sociological Review, 25,* 467–483.

Petty, R. E. and Cacioppo, E. (1986). The elaboration likelihood model of persuasion. *Advances in Experimental Social Psychology, 19,* 123–205.

Pollatsek, A. and Tversky, A. (1970). A theory of risk. *Journal of Mathematical Psychology, 7,* 540–553.

Rayner, S. (1987). Risk and relativism in science for policy. In: V. T. Covello and B. B. Johnson (Eds), *The Social and Cultural Construction of Risk* (pp. 5–23), Dordrecht: Reidel.

Rayner, S. and Cantor, R. (1987). How fair is safe enough? The cultural approach to societal technology choice. *Risk Analysis, 7,* 3–13.

Renn, O. (1986). Akzeptanzforschung: Technik in der gesellschaftlichen Auseinandersetzung. *Chemie in unserer Zeit*, *2,* 44–52.

Renn, O. (1990). Risk perception and risk management: a review. *Risk Abstracts, 7(1/2).*

Renn, O. (1991). Risk communication and the social amplification of risk. In: R. Kasperson and P. J. Stallen (Eds), *Communicating Risk to the Public* (pp. 287–324). Dordrecht: Kluwer.

Renn, O. (1992a). The social arena concept of risk debates. In: S. Krimsky and D. Golding (Eds), *Social Theories of Risk* (pp. 170–197), Westport, CT: Praeger.

Renn, O. (1992b). Concepts of risk: a classification. In: S. Krimsky and D. Golding (Eds), *Social Theories of Risk* (pp. 53–79), Westport, CT: Praeger.

Renn, O., Webler, T. and Johnson, B. (1991). Citizen participation for hazard management. *Risk — Issues in Health and Safety, 3,* 12–22.

Renn, O. and Levine, D. (1991). Trust and credibility in risk communication. In: R. Kasperson and P. J. Stallen (Eds), *Communicating Risk to the Public* (pp. 175–218). Dordrecht: Kluwer.

Renn, O., Burns, W., Kasperson, R. E., Kasperson, J. X. and Slovic, P. (1992). The social amplification of risk: theoretical foundations and empirical application. *Social Issues*, *48(4),* 137–160.

Ross, L. D. (1977). The intuitive psychologist and his shortcomings: distortions in the attribution process. In: L. Berkowitz (Ed.), *Advances in Experimental Social Psychology.* Vol.10 (pp. 173–220). New York: Random House.

Schwarz, M. and Thompson, M. (1990). *Divided we Stand: Redefining Politics, Technology, and Social Choice.* Philadelphia: University of Pennsylvania Press.

Thomas, K., Maurer, D., Fishbein, M., Otway, H. J., Hinkle, R. and Simpson, D. A. (1980). *Comparative Study of Public Beliefs about Five Energy Systems.* International Institute for Applied Systems Analysis (IIASA), Report 80–15, Laxenburg, Austria: IIASA.

Thompson, M. (1980). *An Outline of the Cultural theory of Risk,* Working Paper of the International Institute for Applied Systems Analysis (IIASA), WP–80–177, Laxenburg, Austria: IIASA.

Thompson, M., Ellis, W. and Wildavsky, A. (1990). *Cultural Theory.* Boulder: Westview Press.

Short, J. F. (1984). The social fabric of risk: toward the social transformation of risk analysis. *American Sociological Review, 9,* 711–725.

Short, J. F. (1989). On defining, describing, and explaining elephants (and reactions to them): hazards, disasters, and risk analysis. *Mass Emergencies and Disasters, 7,* 397–418.

Slovic, P., Fischhoff, B. and Lichtenstein, S. (1981). Perceived risk: psychological factors and social implications. In: Royal Society (Ed.), *Proceedings of the Royal Society, A376* (pp. 17–34), London: Royal Society.

Slovic, P. (1987). Perception of risk, *Science , 236,* 280–285.

Vlek, C. A. J. and Stallen, P. J. (1981). Judging risks and benefits in the small and in the large. *Organizational Behavior and Human Performance, 28,* 235–271.

Wildavsky, A. and Dake, K. (1990). Theories of risk perception: who fears what and why? *Daedalus, 119(4),* 41–60.

Wissenschaftskommunikation und Umweltprobleme[3]

Marcel Weber
Biozentrum – Abteilung Mikrobiologie
Universität Basel

The heterogeneity of the scientific and public discourses imposes constraints on science communication. This is shown, for instance, by the inherent semantic instability in translations from expert to vernacular languages, which ultimately is a consequence of the incommensurability of the underlying social representations. However, ecological research could stimulate "resonance" to environmental problems in social systems.

Einleitung

Der Zweck ökologischen Handelns besteht in der Behebung und Vermeidung von «Umweltproblemen»; d. h. die natürliche Umwelt und ihre Ressourcen gefährdenden anthropogenen Einflüssen. Nun ist es aber nicht so, dass Umweltprobleme sich gewissermassen von selbst an die Gesellschaft mitteilen und diese unmittelbar zum vernünftigen ökologischen Handeln veranlassen könnten. In der Schweiz sind Umweltschäden glücklicherweise noch nicht so weit fortgeschritten, dass unmittelbar evident ist, wo die Probleme liegen. Ein typisches Umweltproblem ist kein Sachverhalt, der völlig unabhängig von seiner kognitiven Erfassung durch menschliche Subjekte besteht. Politisch wirksame Begriffe wie «Waldsterben» (Schlaepfer, 1993) oder «Biodiversität» (Wilson und Peter, 1988) werden, wie die entsprechenden operativen Begriffe bei anderen öffentlichen Kontroversen, in einem bestimmten sozialen Bedingungen unterliegenden Diskurs *konstruiert* (z. B. Altimore, 1982; siehe auch Renn in diesem Band) und übernehmen erst nach ihrer Verankerung als *soziale Repräsentationen* handlungsorientierende Funktionen (Fuhrer et al.,1994).

---

[3] Diese Arbeit wurde finanziert im Rahmen des koordinierten Projektes «The role of variability as a driving force in the evolution and maintenance of life systems from the molecular to the landscape scale» (Projekt Nr. 5001-35228) im SPPU (Modul 3: Biodiversität)

Gemäss der Theorie der sozialen Repräsentationen werden diese nach der Verankerung in einem zweiten Schritt *vergegenständlicht*, d. h. sie werden in einem gewissen Sinn Teil der Wirklichkeit oder, präziser ausgedrückt, sie werden konstitutiv für die *Erscheinungswelt*, in der soziale Subjekte kommunizieren und handeln (Farr, 1987). Hier soll nicht behauptet werden, dass die Begriffe der öffentlichen Umweltdiskussion unter überhaupt keinen objektiven Bedingungen stehen, aber dass die gesellschaftlich-subjektiven Bedingungen diese Begriffe in substantieller Weise mitbestimmen.

Manche Wissenschaftssoziologen gehen davon aus, dass wissenschaftliche Begriffe stets soziale Konstrukte im Sinne von *Konventionen* sind (Latour und Woolgar, 1979) oder dass die Schaffung eines wissenschaftlich interessierten Publikums ein integraler Bestandteil der Wissenschaft selbst ist (Shapin und Schaffer, 1985); diese nominalistischen Wissenschaftsauffassungen sind aber kontrovers (Laudan, 1977).

In dieser Arbeit wird ein Moment aus dem komplexen sozialen Prozess, den der ökologische Diskurs darstellt, herausgegriffen: das Moment der *Wissenschaftskommunikation*. Mit dem Ausdruck «Moment» soll angedeutet werden, dass die Wissenschaftskommunikation als Teil eines komplexen Diskurses betrachtet wird, der nicht aus diesem Kontext herausgetrennt, wohl aber von anderen Momenten *unterschieden* werden kann. Mit «Wissenschaft» sind hier *Naturwissenschaften* gemeint, z. B. Geo- und Bioökologie, Klimaforschung und andere umweltrelevante Disziplinen; meine Diskussion wird sich aber an der allgemeinen Wissenschaftsforschung orientieren. «Wissenschaftskommunikation» bedeutet im Folgenden die Verbreitung wissenschaftlicher Erkenntnisse von der *scientific community* an die Öffentlichkeit sowie die politischen, staatlichen und privaten Institutionen. Diesem Prozess wird heute im Zusammenhang mit ökologischen Forschungsprogrammen eine wesentliche Bedeutung beigemessen (Solbrig, 1992; Lubchenco et al., 1991).

Als erstes werde ich kurz die Rolle der Wissenschaftskommunikation in der Umweltdiskussion bestimmen. Anschliessend werde ich versuchen, forschungsimmanente und soziale Bedingungen zu identifizieren, unter denen die Wissenschaftskommunikation allgemein steht.

Wissenschaftskommunikation im ökologischen Diskurs

Das moderne Umweltbewusstsein wird aus vielen Quellen gespeist: Angst vor der Überbevölkerung und dem Verlust vertrauter Umgebungen, sinkende Risikoakzeptanz angesichts einer länger werdenden Liste von exemplarischen Störfällen, fortschreitende Urbanisierung, Reaktionen auf die Modernisierung vieler Lebensbereiche, wirtschaftliche und gesellschaftspolitische Interessen und (last but not least) wissenschaftliche Erkenntnisse über Schadstoffbelastung, globale Klimaveränderungen, Schwund der biologischen Vielfalt usw. (Beck, 1988; Sagoff, 1993). «Umwelt» und «Natur» sind zu komplexen, normative Momente enthaltenden Begriffen geworden, die für eine bestimmte Form der *Gesellschaftskritik* in Anspruch genommen werden (Sober, 1986).

Der tatsächliche Einfluss der Wissenschaft auf den ökologischen Diskurs ist schwierig abzuschätzen, da es zweifellos auch eine *Rückwirkung* gesellschaftlich-politischer Strömungen auf den Gang der Wissenschaften gibt (z. B. Porter, 1990). Im Folgenden wird eine vereinfachende Annahme getroffen, nämlich dass der *praktische Diskurs* in Umweltfragen — d. h. die Rechtfertigung ökologisch relevanter Handlungsnormen durch die Gesellschaft und ihre Institutionen — von einem *theoretischen Diskurs* unterschieden werden kann, in dem Wissensansprüche über den Zustand der natürlichen Umwelt und ihrer Ressourcen gerechtfertigt werden (zu diesen Diskursbegriffen siehe Habermas, 1981).

Die Wissenschaftskommunikation kann dann an der Schnittstelle zwischen theoretischem und praktischem Diskurs geortet werden, wobei der praktische Diskurs die Ergebnisse des theoretischen nur unter Berücksichtigung erstens seiner *normativen Komponenten* und zweitens der herrschenden *sozialen Bedingungen* verfügbar machen kann (Hirsch, 1993). Die übliche Rede von der «Umsetzung theoretischen Wissens in die Praxis» ist von daher irreführend.

Bedingungen der Wissenschaftskommunikation

Semantik populärwissenschaftlicher Texte

Es wird gemeinhin angenommen, dass populärwissenschaftliche Texte eine Expertensprache in eine Alltagssprache *übersetzen*. Diese Annahme ist problematisch. Expertensprachen sind durch eine starke Abweichung vom durchschnittlichen Vokabular gekennzeichnet (Hayes, 1992). Die daraus resultierende Unverständlichkeit wissenschaftlicher Texte für Nichtexperten (einschl. Experten in anderen Disziplinen) kann aus mehreren Gründen nicht durch Übersetzung in eine Alltagssprache vollständig überwunden werden. Denn um eine solche Übersetzung zu produzieren, müssten die wissenschaftlichen Begriffe mit Hilfe von Begriffen der Alltagssprache ausgedrückt werden können.

Wissenschaftssemantische Thesen von der Art, wie T. S. Kuhn (1970) sie aufgestellt hat, lassen aber vermuten, dass dies nur in einem begrenzten Mass möglich ist. Erstens ist wissenschaftlichen Ausdrücken möglicherweise nur als unselbständigen Momenten im holistischen Bedeutungsnetz der Expertensprache, der sie entstammen, eine Bedeutung zugeordnet (These des *Bedeutungsholismus*). Zweitens ist das in wissenschaftlichen Begriffen enthaltene Wissen teilweise *implizit* oder «stumm», da es untrennbar an die paradigmatischen Problemlösungen einer wissenschaftlichen Disziplin geknüpft ist (Hoyningen-Huene, 1989). Dies könnte bedeuten, dass nur Personen, die ein naturwissenschaftliches Training mit den damit verbundenen Praktika und Übungsaufgaben durchlaufen haben, in der Lage sind, einen wissenschaftlichen Terminus richtig zu verwenden, und dass es unmöglich ist, einen solchen Fachausdruck in normalsprachlichen Begriffen hinreichend und explizit zu definieren.

Dieses Problem wird in der Wissenschaftskommunikation meist zu umgehen versucht, indem mit *Metaphern* gearbeitet wird. Metaphern sind für einen einigermassen lesbaren populärwissenschaftlichen Text absolut unvermeidbar; ebenso unvermeidbar ist aber, dass die Metapher in einem solchen Text ihre Bedeutung aus dem Kontext der Alltagssprache bezieht und damit mit einem wissenschaftlichen Begriff wenig gemein hat. Ein Beispiel: Das Wort «genetischer Code» wird in manchen Zeitungsartikeln metaphorisch in einer völlig anderen Bedeutung gebraucht als in der Molekularbiologie, z. B. in dem Satz: «The human genome project is an effort by scientists to sequence, or read, the human genetic code» (*The Daily Telegraph*, London, 5. März 1992). Für den Biologen ist dies kein sinnvoller Satz, denn der «human genetic code» ist längst bekannt und nicht Ziel des Genomprojektes. Das Wort «genetic code», welches in der Wissenschaftssprache eine spezifische Bedeutung besitzt, wird im populärwissenschaftlichen Text zu einer Metapher, die ihre Bedeutung aus dem an *lebensweltliche Kontexte* gebundenen *Hintergrundwissen* zieht, ohne das kein Sinnverstehen von Texten möglich ist (Habermas, 1981). Im angeführten Beispiel wird das Wort «code» vermutlich *in Analogie* zu Wörtern gelesen, die auf lebensweltliche Objekte hinweisen (z. B. «Strichcodes» im Supermarkt).

Nur in Einzelfällen wird die Bedeutungsverschiebung, die ein Wort aus der Wissenschaftssprache in einem alltagssprachlichen Kontext erfahren kann, so deutlich wie in dem angeführten Beispiel (was nicht heisst, dass es nicht noch krassere Fälle gibt; z. B. schrieb die deutsche BILD-Zeitung am 29. Januar 1994 im Zusammenhang mit den Gerüchten um den Cessna-Absturz im Bodensee «70 kg ATOM im Bodensee»). Aufgrund der beiden oben wiedergegebenen Thesen müsste davon ausgegangen werden, dass solche Beispiele nicht — oder mindestens nicht nur — journalistische Ausrutscher sind, sondern Ausdruck einer *semantischen Instabilität*, die durch die *Heterogenität der Diskurse* erzeugt wird. S. Shapins Frage «Are modern science and its public divided by the illusion that they possess a common language?» (Shapin, 1990) muss in diesem Sinne bejaht werden.

Es ist anzumerken, dass bei «Übersetzungen» auch im alltäglichen Sinn immer ein *interpretatives Moment* beteiligt ist. Liegt zwischen zwei Sprachen wegen des Bedeutungsholismus eine partielle *Inkommensurabilität* vor (wie dies beim vorigen Beispiel mit dem genetischen Code der Fall ist: der wissenschaftlich korrekt verwendete Begriff und der «popularisierte» Begriff weisen einen unterschiedlichen Umfang auf), so wird sich bei einer Interpretation — sofern diese versucht wird — die Zielsprache lokal leicht verändern, indem sie einen neuen Begriff erhält und bereits vorhandene Begriffe leicht verschoben werden können (Hoyningen-Huene, 1989, S. 249).

Soziale Repräsentationen und Kommunikation

Falls davon ausgegangen wird, dass auch der Forschungsprozess selbst als soziales System durch Verankerung und Vergegenständlichung sozialer Repräsentationen[4] gekennzeichnet ist — eine Anwendung, die vom Urheber der Theorie der sozialen Repräsentationen durchaus vorgesehen ist (Moscovici, 1981; siehe auch Wells, 1987) —, bekommt es der ökologische Diskurs mit Repräsentationen verschiedener sozialer Systeme zu tun (siehe den Beitrag von Fuhrer et al. in diesem Band). Aufgrund der wegen der Selbstreferentialität sozialer Systeme (Luhmann, 1988b) zu erwartenden *Inkommensurabilität* der verschiedenen Repräsentationen (vgl. Abschn. 3.1) ist die Möglichkeit einer «Kommunikation» zwischen sozialen Systemen im üblichen Wortsinn als «mitteilen» nicht unmittelbar gegeben (vgl. Luhmann, 1988a: S. 267).

Die im Abschnitt 3.1 festgestellte Heterogenität der sprachlichen Realisationen des ökologischen Diskurses könnte nach systemtheoretischen Überlegungen eine Konsequenz der *funktionellen Differenzierung* der Gesellschaft in soziale Systeme sein (Luhmann, 1988b). Systeme wie Wirtschaft, Politik, Erziehung oder Wissenschaft werden von Luhmann als selbstreferentielle Systeme betrachtet, die sich durch *Autopoiesis* ausdifferenzieren; d. h. alle ihre elementaren Einheiten durch Referenz auf systemeigene Elemente reproduzieren. Kommunikation ist eine elementare Operation sozialer Systeme, aber sie erfolgt vor allem *innerhalb* solcher Systeme und dient der Ausbildung und Aufrechterhaltung der System-Umwelt-Grenze, die das System konstituiert.

Die Interaktion von sozialen Systemen mit ihrer gesellschaftlichen sowie ihrer natürlichen Umwelt fällt nach Luhmann nicht unter den Begriff der Kommunikation, sondern unter *Resonanz* (Luhmann, 1988a, S. 40 ff.). Wie bei physikalischen Systemen besagt Resonanz, dass ein System massgeblich aufgrund seiner *inneren Struktur* («Eigenfrequenzen», siehe Luhmann, 1988a, S. 41) auf systemfremde Einflüsse reagiert. Für die Ökologie bedeutet das erstens, dass die natürliche Umwelt nur Teil der Gesamtwirklichkeit ist, die das System in «Schwingung» versetzen können, und zweitens, dass die Reaktionen der

---

4 Möglicherweise besteht eine gewisse Ähnlichkeit zwischen dem wissenschaftstheoretischen Begriff des *Paradigmas* (Kuhn, 1970) und dem sozialpsychologischen Begriff der sozialen Repräsentation, indem beide Begriffe ein von einem Kollektiv geteiltes, überindividuelles System kognitiver Errungenschaften unterstellen, das die Erscheinungswelten wie auch die Handlungen der Mitglieder dieses Kollektivs gewissen Bedingungen unterwirft. Diese Analogie führt aber über den Rahmen dieser Arbeit hinaus.

Gesellschaft auf Umweltprobleme (die demnach eine bestimmte Form von Resonanz darstellen) schwierig zu kontrollieren sind. Vor allem aber folgt, dass der *innere Aufbau* sozialer Systeme Kommunikations- und andere Handlungen massgeblich mitbestimmt.

Damit Umweltprobleme in der gesellschaftlichen Kommunikation Resonanz finden können, müssen sie in die systemeigenen Codes der verschiedenen sozialen Subsysteme assimiliert werden (Luhmanns Theorie postuliert die Existenz *binärer Codes*, die systeminterne Kommunikation vermitteln, z. B. Recht – Unrecht für das Rechtssystem, Regierung – Opposition für das politische System, haben – nichthaben für das Wirtschaftssystem, Wahrheit – Irrtum für das Wissenschaftssystem usw.). Eine solche Assimilation zeichnet sich in vielen Bereichen bereits ab, z. B. in neuen rechtlichen und wirtschaftlichen Instrumenten für den Umweltschutz, ökologischen Forschungsprogrammen usw.; ebenso lässt sich aber beobachten, wie die internen Codierungen der sozialen Subsysteme Art und Ausmass der Resonanz konditionieren. Umweltprobleme können zum Beispiel nur Resonanz im *Wirtschaftssystem* finden, indem dieses ökologische Grössen (z. B. Luftreinheit oder Artenvielfalt) als *monetär bewertbare Güter* erscheinen lässt (Blöchliger, 1992).

Die Wissenschaftskommunikation ist in einer systemfunktionalistischen Betrachtung nicht unmittelbar zu orten, denn sie scheint einerseits Bedingungen des Wissenschaftssystems wie auch der Medien zu unterliegen, wobei die einen oder die anderen Bedingungen überwiegen können (Nelkin, 1987). Es lässt sich deshalb nur spekulieren, ob die Wissenschaftskommunikation eine Funktion des Wissenschaftssystems, der Medien oder gar der Gesamtgesellschaft ist (vorausgesetzt, sie besitzt eine Funktion in der Autopoiesis sozialer Systeme). In jedem Fall ist sie aus systemtheoretischer Sicht nicht ein Medium, das Systemgrenzen überbrückt, sondern — im Gegenteil — mitkonstituiert; vielleicht trägt sie aber gerade deswegen zur evolutionären Anpassungsfähigkeit sozialer Systeme bei, indem sie Resonanz ermöglicht.

«Public understanding of science»

Wie eine Person z. B. einen populärwissenschaftlichen Text oder einen Zeitungsartikel mit wissenschaftlichem Inhalt «versteht» (und ob sie einen solchen Text überhaupt liest), hängt vom Grad und Inhalt der Bildung und damit von der Zugehörigkeit zu bestimmten *sozialen Gruppen* ab. Auch Faktoren wie Religion oder politische Ideologie beeinflussen die sozialen Repräsentationen der Wissenschaft (Zhang, 1993). «Verstehen» ist natürlich in diesem Zusammenhang — ebenso wie das englische «understanding» — ein vieldeutiges Wort, da es normative Konnotationen enthält. Soziologische Forschungsprogramme, die das «public understanding of science» scheinbar *phänomenologisch* erforschen (z. B. Durant et al., 1989), sehen sich dementsprechend dem Vorwurf ausgesetzt, mit *normativen Präsuppositionen* zu arbeiten, d. h. ihre Fragestellung von bestimmten Vorstellungen leiten zu lassen, was die Öffentlichkeit von der Forschung zu wissen *hat.* Mit einem einfachen «Defizitmodell» werden vermutlich manche Aspekte der sozialen Repräsentation der Wissenschaft ausgeblendet (Ziman, 1991).

Das Defizitmodell nimmt an, dass alle Personen sich irgendwo auf einer linearen Skala zwischen «scientifically literate» und «scientifically ignorant» befinden und man den Grad von «scientific literacy» einer Person bestimmen kann, indem man ihr im Multiple-choice-Verfahren Propositionen mit wissenschaftlichem Inhalt zur Beurteilung vorlegt. Das Modell übersieht die Tendenz sozialer Subjekte, geschlossene Erscheinungswelten hervorzubringen, in denen unbekannte Erscheinungen benannt und vergegenständlicht und damit in einen Verweisungszusammenhang gebracht werden. Wenn jemand z. B. beim Wort «Gentechnologie» an ein dreiköpfiges Monster denkt, bringt er damit nicht einen Mangel von «scientific literacy» zum Ausdruck — selbst wenn dreiköpfige Monster auch gentechnisch gesehen eine faktische Unmöglichkeit bleiben sollten —, sondern er vergegenständlicht damit Ängste vor einem unkontrollierbaren technischen Fortschritt.[5]

Trotz dieser Unzulänglichkeiten des Defizitmodells sind aus «public understanding of science»-Untersuchungen interessante Ergebnisse hervorgegangen. J. Durants Studie in Grossbritannien hat beispielsweise ergeben, dass die Mehrheit der Bevölkerung kaum über ein Verständnis des *Forschungsprozesses* verfügt (Durant et al., 1989 und 1992). Dies bestätigt die häufig von Forschern geäusserte Klage, die Bevölkerung und die Medien verstünden z. B. den *Unsicherheitsfaktor* nicht, mit dem viele Forschungsergebnisse gerade im ökologisch relevanten Bereich (Klimaforschung u. ä.) behaftet sind (Schlaepfer, 1993).

Ein weiteres aufschlussreiches Ergebnis der britischen Studie ist die paradigmatische Rolle der *Medizin* in der sozialen Repräsentation der Wissenschaft (Durant, 1992). Für eine Mehrheit der befragten Briten war die Medizin zugleich die interessanteste und «wissenschaftlichste» aller Wissenschaften; eine Diagnose, die der Beurteilung durch Wissenschaftstheoretiker nicht gerade entspricht (Schaffner, 1992), was immer «wissenschaftlich» genau bedeutet. Dieses Ergebnis verweist z. B. umittelbar auf die in der Umweltdiskussion häufig angetroffene *Krankheitsmetaphorik*; d. h. die Rede über ökologische Systeme und Landschaften mit Ausdrücken, die eigentlich der Sprache der Medizin entnommen sind; z. B. «Stress» (Cairns, 1988) oder die geläufige Rede von einer «kranken» Umwelt. Diese Metaphorik deutet an, dass ökologische Entitäten in gewissen sozialen Systemen als *Organismen* repräsentiert sind, was in den entsprechenden wissenschaftlichen Theorien — von exotischen «Gaia-Hypothesen» (Margulis und Olendzenski, 1992) oder dergleichen abgesehen — nicht der Fall ist.

---

5 Dorothy Nelkin, pers. Mitteilung.

Es ist davon auszugehen, dass die heute faktisch gegebenen sozialen Repräsentationen der Wissenschaft in der Bevölkerung der Wissenschaftskommunikation starke Bedingungen auferlegen, da Individuen populärwissenschaftliche Texte im Licht dieser immer schon vorhandenen Repräsentationen interpretieren. Diese Bedingungen werden durch die *Medien*, die ihrerseits unter restriktiven Bedingungen arbeiten (Wilkie, 1991), noch verstärkt, indem die vermittelten Inhalte schon unter dem Einfluss der populären sozialen Repräsentationen *ausgewählt* und gewissen narrativen *Stereotypen* nachempfunden werden (Nelkin, 1987).

Im Zusammenhang mit aktuellen ökologischen Forschungsprogrammen wäre es interessant zu wissen, welche narrativen Stereotypen, Bilder und Metaphern mit den Kernthemen des gegenwärtigen ökologischen Diskurses (z. B. Biodiversität, Ozonschicht, nachhaltige Entwicklung, *global change*) in den Medien und anderswo assoziiert sind und wie sich diese über die dahinter stehenden Vorstellungen in den Gesamtzusammenhang der sozialen Repräsentationen bestimmter sozialer Gruppierungen einfügen. Durch *Inhaltsanalysen* der Medienberichterstattung über umweltpolitische Ereignisse (z. B. der «Earth Summit» in Rio 1992) liessen sich z. B. Rückschlüsse über die *«agendas»* verschiedener Institutionen und Interessengruppen ziehen, die zu bestimmten Thematisierungen führen (Durant und Gregory, 1992).

Literatur

Altimore, M. (1982). The social construction of a scientific controversy: comments on press coverage of the recombinant DNA debate. *Science, Technology and Human Values 7(3)*, 24–31.

Beck, U. (1988). *Gegengifte: Die organisierte Unverantwortlichkeit.* Frankfurt: Suhrkamp.

Blöchliger, H. (1992). *Der Preis des Bewahrens. Ökonomie des Natur- und Umweltschutzes.* Zürich: Rüegger.

Cairns, Jr., J. (1988). Increasing diversity by restoring damaged ecosystems. In: E. O. Wilson and F. M. Peter (Eds), *Biodiversity* (pp. 333–343). Washington D.C.: Nat. Academic Science Press.

Durant, J., et al. (1989). The public understanding of science. *Nature 340,* 11–14.

Durant, J., et al. (1992). Public understanding of science in Britain: the role of medicine in the popular representation of science. *Public Understanding of Science 1(2),* 161–182.

Durant, J. and Gregory, J. (1992). Agendas and outcomes: The case of BSE. *Paper read at the AAAS Symposium on the Public Understanding of Science, Ithaca NY.*

Farr, R. (1987). Social representations: a French tradition of research. *Journal Theory Social Behaviour 17(4):* 343–369.

Fuhrer, U., Kaiser, F. G., Seiler, I., Maggi, M., Jöri, M. und Steinmann, S. (1994). Umweltverantwortliches Handeln hat soziale Grundlagen. *Panorama, 3,* 7–13.

Habermas, J. (1981). *Theorie des kommunikativen Handelns.* Frankfurt: Suhrkamp.

Hayes, D. P. (1992). The growing inaccessibility of science. *Nature 356,* 739–742.

Hirsch, G. (1993). Wieso ist ökologisches Handeln mehr als eine Anwendung ökologischen Wissens? *GAIA 2(3):* 141–151.

Hoyningen-Huene, P. (1989). *Die Wissenschaftsphilosophie Thomas S. Kuhns.* Braunschweig: Vieweg.

Kuhn, T. S. (1970). *The Structure of Scientific Revolutions.* Second Edition. Chicago: Chicago University Press.

Latour, B. and Woolgar, S. (1979). *Laboratory Life. The Social Construction of Scientific Facts.* London: Sage.

Laudan, L. (1977). *Progress and its Problems: Toward a Theory of Scientific Growth.* Berkeley and Los Angeles: University of California Press.

Lubchenco, J., et al. (1991). The sustainable biosphere initiative: an ecological research agenda. *Ecology 72(2),* 371–412.

Luhmann, N. (1988a). *Ökologische Kommunikation.* Opladen: Westdeutscher Verlag.

Luhmann, N. (1988b). *Soziale Systeme. Grundriss einer allgemeinen Theorie.* Frankfurt: Suhrkamp.

Margulis, L. and Olendzenski, L. (1992). *Environmental Evolution. Effects of the Origin and Evolution of Life on Planet Earth.* Cambridge, Mass.: MIT Press.

Moscovici, S. (1981). On social representations. In: J. P. Forgas (Ed.), *On Social Representations* (pp. 181–209). New York: Academic Press.

Nelkin, D. (1987). *Selling Science: How the Press Covers Science and Technology.* New York: Freeman.

Porter, R. (1990). The history of science and the history of society. In: R. C. Olby et al. (Eds), *Companion to the History of Modern Science* (pp. 32–46). London: Routledge.

Sagoff, M. (1993). Biodiversity and the culture of ecology. *ESA Bulletin (Ecological Society of America) 76(3):* 376–381.

Schaffner, K. F. (1992). Philosophy of medicine. In: M. H. Salmon et al. (Eds), *Introduction to the Philosophy of Science* (pp. 310–345). Englewood Cliffs: Prentice Hall.

Schlaepfer, R. (1993). Wissenschaft und Politik am Beispiel der Waldschadenforschung. *Wissenschaftspolitik (Bundesamt für Bildung und Wissenschaft), Beiheft 58:* 25–32.

Shapin, S. (1990). Science and the public. In: R. C. Olby et al. (Eds), *Companion to the History of Modern Science* (pp. 990–1007). London: Routledge.

Shapin, S. and Schaffer, S. (1985). *Leviathan and the Air-Pump: Hobbes, Boyle and the Experimental Life.* Princeton: Princeton University Press.

Sober, E. (1986). Philosophical problems for environmentalism. In: B. G. Norton (Ed.), *The Preservation of Species. The Value of Biological Diversity* (pp. 173–220). Princeton: Princeton University Press.

Solbrig, O. T. (1992). The IUBS–SCOPE–UNESCO program of research in biodiversity. *Ecological Applications 2(2):* 131–138.

Wells, A. (1987). Social representations and the world of science. *Journal for the Theory of Social Behaviour 17(4):* 433–445.

Wilkie, T. (1991). Does science get the press it deserves? *International Journal of Science Education 13(4):* 575–587.

Wilson, E. O. and Peter, F. M. (1988). *Biodiversity*. Washington, DC: National Academy of Science Press.

Zhang, Z. and Zhang, J. Z. (1993). A survey of public scientific literacy in China. *Public Understanding of Science 2(1):* 21–38.

Ziman, J. (1991). Public understanding of science. *Science, Technology and Human Values 16(1):* 99–105.

From Social Representations to Environmental Concern: The Influence of Face-to-Face Versus Mediated Communication[6]

Urs Fuhrer[1], Florian G. Kaiser[2], Iris Seiler[2] and Markus Maggi[2]
[1] Universität Magdeburg
[2] Abteilung Psychologie, Universität Bern

A social psychological perspective is adopted in examining the influence of socially shared representations (SR) of environmental issues on individuals' environmental concern (EC). We also consider the influence of the mode of interaction with a source of SR (face-to-face vs. mediated) on the SR-EC relationship. A questionnaire was used to obtain scores for the three components of both SR and EC (environmentally relevant knowledge, values, and intentions), and information about the two social systems with the most influence on personal decision-making. As a guide for responding, the questionnaire presented a scenario in which implementation of a CO_2-tax was proposed. The questionnaire was administered to 1371 people distributed between two transportation associations within three Swiss language areas. As sampling strata, transportation association and language area represented different levels of social systems that might influence SR. The social systems which the subjects ranked as most important were categorized with regard to social interaction mode. The results demonstrate that the three SR components are significant predictors of their counterpart EC components. With regard to the impact of social interaction mode on the SR-EC relationship, the results show that face-to-face interaction has a more powerful impact on the formation of values and intentions, whereas mediated interaction is more influential for the knowledge component of EC. Finally, the findings indicate that the transportation association factor is a strong predictor of individuals' EC, whereas language area only marginally conributes to EC when the measured SR factors are partialed out.

In view of the research on environmental behavior in general, it seems unfortunate that so much of the psychological research in this field is neglecting social aspects of individual behavior. In fact, it is debatable whether decontextualized and purely individualistic conceptualizations can provide an explanatory key for environmental behavior, by which we mean behavior that impacts the continuing integrity of environmental systems. For

---

6 This research was supported by a grant from the Swiss National Science Foundation (5001-035271). A more extended version of the present paper is currently under review.

example, perception of global environmental change is not a matter of individual perception, i. e., of sensory psychophysics, but of social communication (Pawlik, 1991). What people perceive is selected through a series of both personal and social filters having to do with knowledge, beliefs, intentions, and values of their reference groups. Moreover, individual environmental behavior is at least influenced by other people through perceived social norms (cf. Johnson and Covello, 1987). With regard to the understanding of environmental behavior, then, individualistic preconceptions may not endure in the long run. However, these conceptions are still widely accepted at present, even though they obscure relevant mechanisms that are at work when people interact with their environment.

Environmental Concern and Environmental Behavior

In the past three decades social scientists have shown a great deal of interest in public attitudes toward environmental issues, as reflected by the large number of studies of public concern with environmental quality (for reviews, see Hines et al., 1986, 1987; Fransson et al., 1994; Fuhrer, 1995). Past research has identified a number of factors that seem likely to be implicated in both environmental concern and environmental behavior; however, different types of environmental behavior often are neither strongly correlated with each other nor predicted well by environmental concern (cf. Diekmann and Preisendörfer, 1992; Stern, 1992). In fact, we are far from having a clear and consistent picture of how psychological factors, interpersonal variables, situational structure, and various sociodemographic factors influence both environmental concern and environmental behavior. Psychologically oriented research has addressed all these variable types, although not in equal detail (e. g., Van Liere and Dunlap, 1980; Schahn and Holzer, 1990; Grob, 1991; Urban, 1991; Diekmann and Preisendörfer, 1992; Kals and Montada, 1994).

Generally, definitions of environmental concern are oriented to the classical three-component model of attitudes proposed by Rosenberg and Hovland (1960). An example of this orientation can be seen in, for example, the New Environmental Paradigm scale of Van Liere and Dunlap (1980). However, this is far more a model of attitude structure than one of attitude towards a given behavior, such as in the model proposed by Ajzen and Fishbein (1977). Accordingly, measures of environmental concern have usually included cognitive components, affective components, and conative components. Generally, the research indicates that environmental concern is related to, but not highly correlated with, environmental practices such as recycling and conservation (e. g., Hines et al., 1986, 1987; Diekmann and Preisendörfer, 1992; Fransson et al., 1994; Fuhrer, 1995).

The weak relationship between environmental concern and behavior may mean that the former is not an important explanatory variable. Two more interesting possibilities, however, are that environmental concern (1) is framed by social systems such as reference groups and social networks and (2) has an indirect rather than direct influence on behavior, with its influence being gradually diminished through successive levels of intervening variables (e. g., situational circumstances). A number of critics have suggested that the missing link to socialpsychological influences and the lack of a general theoretical framework are reasons why the research on environmental concern is empirically as well as theoretically neither convincing nor cumulative (e. g., Fuhrer, 1995). Notable exceptions to these criticisms can be seen in the attempts to use Schwartz and Howard's (1981) norm-activation model of altruism to explain actions to ameliorate environmental problems (e. g., Stern et al., 1993). However, even in this more social-psychologically oriented line of research individualism is still at the heart of the theoretical models.

In our recent research we highlight social psychological aspects of environmental concern in the main by focusing on the impact of social systems on individually framed concerns (Fuhrer, 1995). In this paper, examination of the impact of social systems on environmental concern is restricted to the influence of "social representations" (Moscovici, 1984) of environmental issues on the environmental concern of individuals.

Environmental Concern as a Function of Socially Shared Representations

Communications researchers have claimed that environmental problems are a kind of "secondhand reality" (e. g., De Marchi and Tessarin, 1991). That is, the knowledge people develop about environmental problems is for the most part socially defined by other people. These people may be family members and acquaintances or powerful others such as the leaders and authorities of sociopolitical forces in the given society.

The notion of social representation (SR) is a heir of Durkheim's (1898) concept of collective representation. In contrast to Durkheim, Moscovici saw these representations as more dynamic, as created and recreated by individuals in interaction with each other, as for example in the course of social communication. Thus, SR are phenomena that create a common sense for certain social systems. In accord with von Cranach (1991), we interpret SR as attitude-like constructs on the level of social systems. Under the construct of SR, we then subsume the following components: factual (or declarative) knowledge, action-related (or procedural) knowledge, values, and intentions.

Instead of reviewing all the subtle differences in the various definitions of SR, as well as the vast array of objects whose SR have been studied (see e. g., Farr and Moscovici, 1984; Breakwell and Canter, 1993), here we want only to briefly sketch the functions and processes assumed to operate in SR. To start, we note that the lack of precise or expert knowledge of, for example, the "greenhouse effect " does not prevent many people from discussing that issue. Indeed, people receive some information about this phenomenon and the resulting simplicity of the used metaphor "greenhouse", shared by societal groups, allows them to communicate about it. These are precisely the two main functions of SR: (1) to help individuals make sense of a complex reality, and (2) to facilitate communication among individuals. Social systems such as small groups, organizations, and societies differ in their SR of environmental issues (Johnson and Covello, 1987; Graumann and Kruse, 1990). Individual members of a social system integrate and modify the ideas, beliefs, values, and intentions related to the metaphor which the given social system communicates. In the end, it is usually individuals who convey and express "individual social representations" (von Cranach, 1991). These representations can be considered, to varying degrees, as manifestations of SR.

We now posit that environmental concern (EC) is contingent on these individual social representations of environmental issues (Fuhrer, 1995). Moreover, we expect that a person's willingness to frame his or her EC in accord with the representations of social systems depends on the social interaction mode (face-to-face communication vs. mediated communication) by which individuals communicate with those social systems. In accord with Bronfenbrenner (1981), we distinguish between the following forms of social systems: (1) microsystems, or social systems in which people communicate with others face-to-face (e. g., the family, the neighborhood); (2) exosystems, or social systems which allow only a mediated communication (e. g., mass media, political organizations); and (3) macrosystems, or the cultural context in which individuals are embedded (e. g., as represented by language or nationality).

Although the work reviewed thus far provides some support for the utility of a social psychological view, three significant issues have yet to be investigated fully. First, the impact of the SR of the most relevant social systems (i. e., reference groups) on the individuals' EC is unclear. Second, it is not known how the relationship between SR and EC is moderated by how individuals interact and communicate with their most relevant social systems. Third, and most central to the goals of our current research, the relative influence of the different forms of social systems (i. e., micro-, exo-, and macrosystems) on EC is a largely unexplored issue. Thus, the purpose of the present paper is restricted to the analysis of the SR-EC relationship. We hypothesize that the individuals' EC is framed by socially shared representations of the social systems to which people refer when they are confronted with environmental issues.

Empirical Study with Car Drivers of Two Associations Living in Three Different Language Areas of Switzerland

In the course of forming a survey panel, 6000 persons were sent a letter asking for their participation. Potential participants were randomly selected from the membership listings of two transportation organizations following a stratified sampling strategy which specified organization membership and area of residence as the major design variables (for further details, see Fuhrer et al., 1994). The letters were thus addressed to 3000 members of the Swiss Association of Transport and Environment (Verkehrsclub der Schweiz, VCS) and 3000 members of the Automobile Club of Switzerland (Automobilclub der Schweiz, ACS). The first association (VCS) is an organization which aims to promote an overall transport system which has fewer negative impacts on humans and nature. The latter (ACS) primarily represents the interests of car drivers. Of the 3000 members of each association, letters were sent to 1000 members living in the German-language area (GLA), the French-language area (FLA) and the Italian-language area (ILA) of Switzerland. Of the 6000 members 1643 (27.4%) were willing to participate. The differences regarding both group membership and language community in the proportion of willing participants have been reported elsewhere (Fuhrer et al., 1994). Of those who expressed a willingness to participate, 1371 (83.5%) completed and returned the questionnaire sent to them. They ranged in age from 19 to 82 years (median age = 43). Thirty-eight per cent were female. A concern about a relationship between willingness to participate and environmental concern was borne out by the results of the Fuhrer et al. (1994) analyses.

For each participant, measures of both SR and EC were derived from responses to the questionnaire. Given the scenario of a vote regarding the implementation of a CO_2-tax in Switzerland in the near future, the participants were asked whom they would rely on in forming their own opinion about such a CO_2-tax. The participants had to rank ten given sources of information. These included family members, friends, relatives, colleagues or workmates, mass media, specialist literature, political parties, environmental organizations, opinion polls, and advertisements. Then the participants had to identify the two sources most important to them with regard to their decision about the CO_2-tax. It was expected that participants would be most influenced by the environmentally relevant SR of those two sources.

To measure EC, the participants had to estimate on 5-point Likert scales (ranging from strongly agree to strongly disagree) statements about their knowledge of global environmental changes caused by air pollution, their personal environmental values, and their intentions to act in less environmentally impactful ways. The knowledge items consisted of 24 statements regarding factual knowledge about the causes of global environmental changes (e. g., stratospheric ozone depletion, deforestation, emissions of greenhouse gases) and the impacts of these changes on all species. The 13 value items included statements which were intended to represent three main approaches to environmental ethics (i. e., egocentric, homocentric, and eco- or biocentric; see e. g., Merchant, 1990). Finally, the 11 behavioral intention items included statements about intentions to reduce one's own car driving, to support traffic free downtown areas, to reduce speed-limits, and the like. That is, all of the given intentions were oriented toward a willingness to reduce mobility and toward a less resource intensive use of one's own car.

To measure the personally relevant SR on global environmental issues, the respondents rated on 5-point Likert scales almost the same statements as were used to measure EC. However, instead of estimating one's own knowledge, values, and intentions, respondents had to assess the attributed knowledge, values, and intentions of the two information sources that they had identified as most important to them in forming the anticipated decision for or against a CO_2-tax. Note that fewer items (10) were used to represent knowledge attributable to the two most important information sources. These items in essence summarized the more specific factual information in the items used to characterize the knowledge factor of EC. This was done in recognition of the possibility that respondents would not be able to assess an information source's command over specific facts as compared to more general topics.

Working with the items used to operationalize both EC (the set of personally oriented items) and SR (the two item sets oriented toward main information sources), a factor analytic approach was employed to establish correspondence with the theoretically postulated structure comprising knowledge, value, and intention factors (for a description of the factor analyses see Fuhrer et al., 1994).

Persons and institutions identified as the most important information sources for opinion formation regarding the CO_2-tax were categorized as belonging to either a microsystem or an exosystem. In the case of individuals identified as sources, the criterion for categorization was face-to-face contact. Such contact is more likely in microsystems as represented by family members, relatives, or colleagues, whereas mediated contact is more likely with exosystems, as in the case of mass media. On the macrosystem level, the subjects were grouped according to residence in one of the three Swiss language areas (German, French, Italian).

Results

The analyses presented here serve three main purposes. The first is to describe the relationships between the SR of the personally most relevant social systems and the individuals' EC with respect to each of the three factors, i. e., knowledge, values, and intentions. The second is to examine how the influence of social systems on EC is moderated by form of social interaction. The third is to analyze the influences of the different social systems (VCS and ACS as exosystems; GLA, FLA, and ILA as macrosystems) on EC when the three SR composite scores of the two most important social systems have been partialed out.

For the presentation of results in the next two sections, the statistics that indicate the influence of the most important social system are coupled with the parallel statistics for the second most important social system. The statistics for the second most important social system in all cases directly follow those for the most important social system, often in parantheses. In interpreting these secondary sets of statistics, note that they bear on the reliability of the information contained in the initial statistics.

How the Social Representations (SR) of the Most Important Social Systems Influence Environmental Concern (EC)

Three multiple regression analyses were performed to assess the relationships between the three factors of SR and EC. Each used the three SR composite scores as predictors. The dependent variables were the three EC composite scores. In initial analyses, all three SR composite scores were forced into an equation predicting a single EC composite score. A subsequent stepwise regression was used to confirm the results.

In the first regression analysis the effect of each of the three SR factors on the knowledge factor of EC was assessed. The results show that most of the explained variance (R^2) in EC knowledge is accounted for by SR knowledge, 11.0% (10.7%), whereas SR intention contributes 3.8% (1.8%) and SR value 0.1% (0.0%). Together, all three SR predictors explain 14.9% (12.5%) of EC knowledge variance. The stepwise regression analysis confirms that only SR knowledge explains a practically significant portion of the variance ($R^2 \geq 10\%$) in EC knowledge [$F(1/1103)=136.4$, $p<.0001$, $n=1105$; $F(1/1075)=128.1$, $p<.0001$, $n=1077$].

A second regression analysis was performed to test the impact of each of the three SR factors on the value factor of EC. The findings show that most of the explained variance in EC value is accounted for by SR value, 30.4% (21.1%), whereas SR knowledge and SR intention contribute only 0.3% (0.6%) and 0.0% (1.0%), respectively. The three SR predictors together explain 30.7% (22.7%) of the EC value composite scores. The stepwise regression analysis confirms that only SR value explains a practically significant portion of the variance ($R^2 \geq 10\%$) in EC value [$F(1/1103)=482.0$, $p <.0001$, $n=1105$; $F(1/1075)=287.9$, $p<.0001$, $n=1077$].

The third regression analysis assessed the influence of each of the three SR factors on the EC intention factor. Most of the explained variance in EC intention was accounted for by SR intention, 32.4% (21.0%), whereas SR knowledge and SR value contribute only 0.1% (0.3%) and 0.5% (1.2%), respectively. The three SR predictors together explain 33.0% (22.5%) of the variance in EC intention. The stepwise regression analysis confirms that only SR intention explains a practically significant portion of the variance ($R^2 \geq 10\%$) of EC intention [$F(1/1103)=528.7$, $p<.0001$, n=1105; $F(1/1075)= 286.0$, $p<.001$, n=1077].

Note that the strength of the relationship between SR and EC increases from knowledge to value to intention. The influence upon the subjects' EC is in the case of SR values and intentions more powerful than in the case of SR knowledge ($p<.001$ for each of the SR-EC relationships). However, SR value and SR intention do not differ in their impact on the subjects' corresponding EC ($p >.05$ for each SR-EC relationship).

In sum, the three regression models explain a significant portion of the variance of EC. More specifically, the analyses show that, for each of the three EC composite scores, the corresponding composite score for the given SR is the most powerful of the measured predictors.

Mode of Interaction with Social Systems (Face-to-face vs. Mediated) as a Moderator of the SR-EC Relationship

In the present study, the social interaction mode as it is represented by micro- vs. exosystems (sensu Bronfenbrenner, 1981) is implemented into the model as a moderator variable (see Baron and Kenny, 1986). Microsystems represent social systems with which subjects interact face-to-face, whereas with exosystems the interaction is of a mostly mediated form. We expect that these two social interaction modes influence the generative mechanism through which the focal independent variable (SR) is able to influence the dependent variable of interest (EC). Tests of the moderator hypothesis entailed two sets of six multiple regression analyses. One set was carried out for each of the two most important SR. As reported in Table 1 for the two most important SR, these analyses were performed for each of the subgroups defined by interaction mode, and used all three SR composite scores as predictors and a single EC composite score as a dependent variable.

Looking at the SR-EC relationship under circumstances of socially mediated interaction, (1) a significant portion (about 10%) of EC knowledge can be explained by SR knowledge [$F(1/836)=102.9$, $p<.0001$; $F(1/878)=93.7$, $p<.0001$, $R^2=9.6\%$], (2) a significant portion ($\geq 10\%$) of EC value can be explained by SR value [$F(1/836)=287.0$, $p<.0001$; $F(1/878)=200.8$, $p<.0001$], and (3) a significant portion ($\geq 10\%$) of EC intention can be explained by SR intention [$F(1/836)=299.9$, $p<.0001$; $F(1/878)=198.9$, $p<.0001$].

Table 1. *Regression analyses showing the moderating role of social interaction mode (mediated vs. face-to-face) in the prediction of the EC components by their counterpart SR components*

	Most important SR						Second most important SR					
	Knowledge		Value		Intention		Knowledge		Value		Intention	
	β	R^2	β	R^2	β	R^2	β	R^2	β	R^2	β	R^2
Total	.21	11.0	.56	30.4	.50	32.4	.19	10.7	.45	21.1	.39	21.0
Mediated Interaction	.22	11.0	.50	25.6	.44	26.4	.19	9.6	.42	18.6	.36	18.5
Face-to-Face Interaction	.19	4.4	.80	49.3	.60	45.4	.25	6.6	.68	38.7	.57	38.1

Under circumstances of face-to-face interaction, we first note that SR knowledge explains a relatively small portion [4.4% (6.6%)] of the variance in EC knowledge [$F(1/240)=12.5$, $p<.0005$; $F(1/184)=15.7$, $p<.0001$]. A larger proportion of EC knowledge can be explained by SR intention [$F(1/240)=29.6$, $p<.0001$, $R^2=11.0\%$, $b=.15$; $F(1/184)=37.4$, $p<.0001$, $R^2=16.9\%$, $b=.20$]. Second, a significant portion of EC value can be explained by SR value [$F(1/240)=233.3$, $p<.0001$; $F(1/184)=115.9$, $p<.0001$]. Finally, a significant portion of EC intention can be explained by SR intention [$F(1/240)=199.2$, $p<.0001$; $F(1/184)=113.4$, $p<.001$].

In the above regression analyses, each of the SR composite scores was the most powerful predictor of its counterpart EC composite score, the only exception being that under face-to-face interaction SR knowledge was less predictive of EC knowledge than was SR intention. Specifically, the regression statistics representing the relationships between SR and EC composite scores as assessed under the mediated interaction condition were consistent with the regression statistics obtained for the sample as a whole. This finding stems from the fact that many more subjects identified social sytems with which they interact through some form of mediation (e. g., mass media, political parties) than systems with which they have face-to-face interaction (e. g., family members, workmates) when asked to specify sources of information needed for making firm decisions about implementation of a CO_2-tax. Looking more closely at the moderating impact of social interaction mode on the relationship between SR and EC, for values and intentions the SR-EC relationship is significantly stronger ($p<.001$ for each of the corresponding SR-EC relationships) under the condition of face-to-face interaction, whereas for knowledge it is stronger under mediated interaction ($p<.10$ and $p<.07$ for each of the corresponding SR-EC relationships).

Table 2. *MANCOVA of the effects of a macrosystem (language area) and an exosystem (transportation association) on EC, with the SR component scores of the two most important information sources as covariates (n=962)*

Multivariate Tests Source of Variance	F	p	η^2	Dependent Variables	Univariate Tests F	p	η^2
Association	59.5	<.0001	15.9%	Knowledge	52.2	<.0001	3.9%
(df: 1)				Value	5.3	<.05	.4%
				Intention	148.6	<.0001	7.7%
Language Area	14.9	<.0001	8.7%	Knowledge	19.0	<.0001	2.9%
(df: 2)				Value	3.2	<.05	.4%
				Intention	32.5	<.0001	3.4%
Interaction	2.6	<.05	1.7%	Knowledge	2.8	n.s.	.4%
(df: 2)				Value	.3	n.s	0%
				Intention	5.0	<.01	.5%

Note. *df-model: 11 (including six covariates with df 1 each)*

Different Levels of Social Systems (Transportation Association and Language Area) and their Impact on the EC Components

In the present study, we expect that the subjects are not only under the influence of the SR of the micro- or exosystem to which they refer in the process of forming their opinion on the CO_2-tax. In addition, they might be influenced also by the SR of their automobile association (a specific exosystem) and their language area (a specific macrosystem). We conducted a two-way multivariate analysis of covariance (MANCOVA) with association (VCS vs. ACS) and language area (GLA, FLA, and ILA) as independent variables and the three SR components of the two most influential social systems as covariates. The results of the MANCOVA are reported in Table 2.

Taking the eta^2-weights (η^2) as criteria of practical significance, the results of the MANCOVA revealed that association membership had considerable impact on EC even after the SR composite scores were partialed out. Among the three EC components, the univariate analyses indicated that it is mainly the intention component which is significantly influenced by the association. That is, the VCS members are more willing to act in less environmentally impactful ways than are the ACS members. Interestingly, although language area did not explain more than 10% of the variance of any EC component, its contribution was nonetheless statistically significant and consistent across the three EC. Also, the level of knowledge, value, and intention as reflected in EC composite scores gradually increases from the GLA to the ILA and then to the FLA (see Fuhrer et al., 1994).

Environmental Concern as a Product of Social Communication

Consistent with the logic of moderation as described by Baron and Kenny (1986), the results from the present regression analyses support the hypothesis that the mode by which people interact with social systems plays a role in the relationship between SR and EC. In analyses of data for all subjects and for each social system separately, the SR-EC relationship was stronger when people relied on face-to-face interaction. Further, when the SR-EC relationship was estimated for each SR/EC factor, the amount of variance explained indicates that SR influences are most powerful with regard to values and intentions.

As implied by these results, the theoretical framework seems useful in understanding the formation of an individual's environmental concern. Thus, EC can be seen as a function of the environmentally relevant SR of the given social system to which the individual is referring. Most interesting is the very powerful influence of the SR when people in the process of value and intention formation contact others face-to-face, i. e., members of microsystems (e. g., family members, relatives, or colleagues). That is, the findings suggest that in the case of developing an individual concern for environmental issues the role of face-to-face interaction will be a most powerful source of influence. In accord with social psychological research on shared cognitions (e. g., Breakwell and Canter, 1993), this finding indicates the relevance of the proximal social context in determining how persons interpret environmental issues.

However, mediated influences of exosystems should not be neglected. In the environmental risk literature, for example, there is ample evidence of the crucial role of media or institutions with which people do not interact face-to-face in influencing the perception of environmental problems (e. g., Renn et al., 1992). With respect to the present study, the findings especially illuminate the relevance of the knowledge component within socially shared representations as communicated through a mediated mode.

The present findings do not strongly support the common proposition about cultural differences in Switzerland regarding environmental concern[7]. Although the results in Table 2 indicate differences in EC as a function of language area, these differences are practically quite small ($\eta^2 < 5\%$). In contrast to the small but reliable impact of the

7 Cf. Schweizerische Gesellschaft für praktische Sozialforschung and IDHEAP Institut de hautes études en administration publique (Eds) (1993). Univox-Befragung "Umwelt" 1992. Zürich: GfS.

language area factor, the findings suggest that the SR of the association contributes significantly to EC, and especially to its intention component, even when the measured SR component scores of the two most regarded social systems are partialed out. In sum, membership in a transportation association with a particular orientation toward environmental problems associated with transportation appears to have a more pronounced impact on EC than residence in a region with a distinctive language or culture.

At first glance, the small effect of language area on EC is not in accord with social science research on environmental risk perception which proposes a culture-specific construction of these risks (cf. Johnson and Covello, 1987; Graumann and Kruse, 1990). In this research tradition, however, the macrosystem factor (i. e., cultural influence) is usually represented by societies or nations, whereas in the present study macrosystems are defined by language areas within one and the same society or nation. Despite the presence of various language areas, the results of the present study suggest that differences in the construction of EC are relatively small within one nation compared to differences that have been reported between nations. For example, French and German perceptions and assessments of ecological risks (e. g., dying forests) differ significantly (cf. Graumann and Kruse, 1990). The lack of substantial within-nation differences can be explained by the fact that these often-mentioned differences in the public discourse are either leveled out by some common interpretive frames or are covered by influences of socially more immediate systems in which an individual is embedded (e. g., De Marchi and Tessarin, 1991; Rey, 1994).

However, in terms of a social psychological perspective, the results demonstrate the relevance of interpersonal or face-to-face interaction, as for example in the context of microsystems, in "filtering" environmental issues with regard to the construction of EC. In elaborating on these findings, one could draw the more general conclusion that the impact of a social system on EC might increase with the "real social presence" of the system, i. e., with the degree to which people are able to interact and communicate personally or face-to-face with other members of the social system to which they refer in the process of forming EC. That is, the more immediate the social systems are to the people, the more powerful their impact on the construction of the people's EC. Looking at the present data, the power of social systems on people's EC gradually decreases from microsystems to exosystems to macrosystems. This finding is in accord with data from studies on how individuals, groups, communities, and societies construct environmental risks (cf. Johnson and Covello, 1987).

However, a cautionary note is in order. The proposed order in the power of social systems effects on EC can vary with regard to the three EC components. Among these components, the findings show that the hypothesized order of power is more pronounced for the value and the intention factors than for the knowledge factor. This result is quite in accord with other studies of group influences on social representations (cf. Breakwell and Canter, 1993).

According to the more general social psychological perspective of the present research, one could generate a number of propositions about how rational people respond to socially shared interpretive frames of environmental issues. For example, the present findings clearly indicate that the intention to act in less environmentally impactful ways is predicted to be greater under the influence of face-to-face communication of an SR than under the impact of mediated communication of an SR. This study points to the significance of the fact that EC is the product of social communication (for a similar view see Johnson and Covello, 1987). The present findings suggest the value of a shift from a more individualistic perspective on environmental problems (cf. Hines et al., 1986, 1987) to one that pays more attention to the role of the social systems in which subjects are embedded. Along the same line of reasoning, others who can influence the course of action taken to ameliorate environmental problems (e. g., economists, engineers, policy makers) will need to be shown that socially shared representations and the role of social systems make a difference in how people think about environmental issues and how they intend to act with respect to the environment (cf. Stern, 1992).

References

Ajzen, I. and Fishbein, M. (1980). *Understanding Attitudes and Predicting Social Behavior.* Englewood Cliffs, NJ.: Prentice-Hall.

Baron, R. M. and Kenny, D. A. (1986). The moderator-mediator variable distinction in social psychological research: Conceptual, strategic, and statistical considerations. *Journal of Personality and Social Psychology, 51,* 1173–1182.

Breakwell, G. M. and Canter, D. V. (1993). *Empirical Approaches to Social Representations.* Oxford: Claredon Press.

Bronfenbrenner, U. (1981). *The Ecology of Human Development.* Cambridge, MA: Harvard University Press.

Cranach, M. von (1991). The multi-level organisation of knowledge and action. In: M. von Cranach, W. Doise and G. Mugny (Eds), *Social Representations and the Social Bases of Knowledge* (pp. 10–22). Bern: Huber.

De Marchi, B. and Tessarin, N. (1991). Perception of a secondhand reality. In: B. Segerståhl (Ed.), *Chernobyl: A Policy Response Study* (pp. 117–132). Berlin: Springer.

Diekmann, A. und Preisendörfer, P. (1992). Persönliches Umweltverhalten: Diskrepanzen zwischen Anspruch und Wirklichkeit. *Kölner Zeitschrift für Soziologie und Sozialpsychologie, 44(2),* 226–251.

Dunlap, R. E., Gallup, G. H., Jr. and Gallup, A. M. (1993). Of global concern: Results of the health of the planet survey. *Environment, 35(9),* 33–39.

Durkheim, E. (1898). Représentations individuelles et représentations collectives. *Revue de Metaphysique et de Morale, 6,* 273–302.

Farr, R. M. and Moscovici, S. (1984). *Social Representations.* Cambridge: Cambridge University Press.

Fransson, N., Davidsson, P., Marell, A. and Gärling, T. (1994). Environmental concern: Conceptual definitions, measurement methods, and research findings. Under review.

Fuhrer, U. (1995). Konzeptueller Rahmen für eine Umweltbewusstseins-Forschung. Psychologische Rundschau, 1.

Fuhrer, U., Kaiser, F. G., Seiler, I., Maggi, M., Jöri, M. and Steinmann, S. (1994). The influence of language community and group membership on environmentally-responsible behavior. In: B. Boothe and R. Hirsig (Eds), *Swiss Monographs in Psychology* (Vol. 3). Bern: Huber.

Fuhrer, U., Kaiser, F. G. and Hartig, T. (1994). Environmental concern as a function of social representations. Under review.

Graumann, C. F. and Kruse, L. (1990). The environment: Social construction and psychological problems. In: H. T. Himmelveit and G. Gaskell (Eds), *Societal Psychology* (pp. 212–229). London: Sage.

Grob, A. (1991). *Meinung – Verhalten – Umwelt.* Bern: Lang.

Hines, J. M., Hungerford, H. R. and Tomera, A. N. (1986/87). Analysis and synthesis of research on responsible environmental behavior: A meta-analysis. *The Journal of Environmental Education, 18(2),* 1–8.

Johnson, B. B. and Covello, V. T. (1987). *The Social and Cultural Construction of Risk.* Boston: Reidel.

Kals, E. und Montada, L. (1994). Umweltschutz und die Verantwortung der Bürger. *Zeitschrift für Sozialpsychologie, 4,* in press.

Merchant, C. (1990). Environmental ethics and political conflict: A view of California. *Environmental Ethics, 12(1),* 45–68.

Moreland, R. L. and Levine, J. M. (1989). Newcomers and oldtimers in small groups. In: P. Paulus (Ed.), *Psychology of Group Influence* (pp. 143–186). Hillsdale, NJ: Erlbaum.

Moscovici, S. (1984). The phenomenon of social representation. In: R. M. Farr and S. Moscovici (Eds), *Social Representations* (pp. 3–70). Cambridge: Cambridge University Press.

Pawlik, K. (1991). The psychology of global environmental change: Some basic data and an agenda for cooperative international research. *International Journal of Psychology, 26(5),* 547–563.

Renn, O., Burns, W. J., Kasperson, J. X., Kasperson, R. E. and Slovic, P. (1992). The social amplification of risk: Theoretical foundations and empirical applications. *Journal of Social Issues, 48(4),* 137–160.

Rey, L. (1994). *Umwelt im Spiegel der öffentlichen Meinung*. Unpublished doctoral dissertation, University of Berne, Switzerland.

Schahn, J. and Holzer, E. (1990). Studies of individual environmental concern: The role of knowledge, gender, and background variables. *Environment and Behavior, 22(6)*, 767–786.

Schwartz, S. H. and Howard, J. A. (1981). A normative decision-making model of altruism. In: J. P. Rushton and R. M. Sorrentino (Eds), *Altruism and Helping Behavior* (pp. 189–211). Hillsdale, NJ: Erlbaum.

Stern, P. C. (1992). Psychological dimensions of global environmental change. *Psychological Review, 43*, 269–302.

Stern, P. C., Dietz, T. and Kalof, L. (1993). Value orientations, gender, and environmental concern. *Environment and Behavior, 25(3)*, 322–348.

Urban, D. (1991). Die kognitive Struktur von Umweltbewusstsein: Ein kausalanalytischer Modelltest. *Zeitschrift für Sozialpsychologie*, 166–180.

Van Liere, K. D. and Dunlap, R. E. (1980). The social bases of environmental concern: A review of hypotheses, explanations and empirical evidence. *Public Opinion Quarterly, 44*, 181–197.

Umweltprobleme: Eine sozialwissenschaftliche Perspektive mit naturwissenschaftlichem Bezug[8]

Hans-Joachim Mosler
Institut für Psychologie – Abteilung Sozialpsychologie
Universität Zürich

From a social science perspective, environmental problems arise as the consequence of specific interactions at the interface between individual, environmental resource and social system. These interactions are investigated in commons dilemma research. The findings of this research are presented and derivations of possible solutions for environmental problems are made. On this basis cooperation between the natural and social sciences is suggested.

Die Schnittstellen zwischen Individuum, Sozialsystem und Umweltressource

Werden Umweltschäden von sehr vielen Personen verursacht, so fällt es einzelnen schwer, sich selbst als Mitverursacher zu sehen. Bei der Übernutzung von Wildtierbeständen, der Verschmutzung der Luft über einer Agglomeration, der Überlastung eines Erholungsgebietes oder eines Naturschutzgebietes oder bei Wasserverschmutzung infolge Überdüngung bedauert die Einzelperson zwar die Umweltfolgen, begreift aber kaum ihre Beteiligung und wird deswegen auch nichts für die Umwelt unternehmen. Ausgehend von einer sozialwissenschaftlichen Perspektive, lässt sich dieses Phänomen als Folge spezifischer Wechselwirkungen an den Schnittstellen zwischen Individuum, Umweltressource und Sozialsystem verstehen. Dieses für die Umwelt verhängnisvolle Zusammenspiel zwischen menschlichem Fühlen, Denken und Handeln einerseits, spezifischen Ressourcencharakteristika und Gesetzmässigkeiten des Sozialsystems andererseits wird im folgenden ausgeführt.

8 Diese Untersuchung wurde vom Schweizerischen Nationalfonds (Nr. 5001-035273) unterstützt.

Die Schnittstelle Individuum – Ressource: Die Nichterfassbarkeit der Ressourcenentwicklung

Umweltbezogenem Handeln liegt sehr oft eine Nutzung von natürlichen, sich selbst regenerierenden Ressourcen zugrunde. Wildtier- (Wale, Heringe) und Pflanzenbestände (tropischer Regenwald, Grasland), aber auch Luft, Wasser und Boden sind solche Ressourcen, die in irgendeiner Weise vom Menschen genutzt werden. Häufig ist es aber so, dass die Regenerationsgesetzmässigkeiten dieser Ressourcen unbekannt oder angesichts der vorhandenen Komplexität nur schwer erkennbar sind. Hinzu kommt, dass Schäden an der Ressource durch Übernutzung meist zeitverzögert und nichtlinear auftreten. Menschen neigen zu linearem Denken (Dörner und Preussler, 1990; Dörner 1993), mit dem aber Ressourcenentwicklungen in ökologischen Systemen nicht verstanden werden können. Zudem ist für den einzelnen die Versuchung gross, für den momentanen Gewinn aus der Ressourcenübernutzung den irgendwann später eintretenden Verlust durch die Schädigung der Ressource zunächst zu vernachlässigen.

Die Schnittstelle Individuum – Sozialsystem: Der soziale Konflikt

Bei der Nutzung einer Umweltressource durch mehrere Personen entsteht ein sozialer Konflikt, weil der Gewinn aus der Übernutzung der Einzelperson zugute kommt, wohingegen der dadurch entstehende Schaden an der Ressource sich auf alle Beteiligte (und Betroffene) verteilt. «Der Nutzen ist individualisiert, der Schaden sozialisiert» wie es Spada und Opwis (1985) so treffend formuliert haben. Meist übersteigt der Gewinn aus der kurzfristigen Übernutzung sogar den auf den einzelnen zurückfallenden längerfristigen Schaden, so dass die Übernutzung lohnend erscheint. Zusätzlich besteht oft eine Ungewissheit über das Verhalten der anderen Beteiligten und somit die Angst, der Betrogene zu sein, wenn man sich selbst ressourcengerecht verhält. So entsteht das folgenschwere Resultat, dass sich Personen sogar wider besseres Wissen unökologisch verhalten.

Die Schnittstelle Sozialsystem – Ressource: Die geringfügige, vielfache Übernutzung

Meist gibt es eine optimale Bewirtschaftungsstrategie einer Ressource, aus der eine individuelle Nutzungsgrösse resultiert, die eine ständige Regeneration der Ressource garantiert. Würden sich alle Personen an diese Nutzungsgrösse halten, so hätte jeder Beteiligte über die Zeit hinweg den grössten Gewinn aus der Ressource. Jedoch hat jede Einzelperson einen Zusatzvorteil, wenn sie die Ressource mehr nutzt. Übernutzen aber viele Personen, wenn auch vielleicht nur um wenig mehr, so wird die Ressource über kurz oder lang zugrunde gerichtet. Erst die vielfache Übernutzung schafft das Umweltproblem, wobei der schädigende Anteil der Einzelperson, auf die gesamte Ressource bezogen, minimal ist. Für das Individuum ist es kaum ersichtlich, warum aus seinem kleinen Mehrnutzen solche verheerenden Wirkungen entstehen sollen.

In grossen anonymen Sozialsystemen müssen wir ausserdem davon ausgehen, dass deren Mitglieder sich gegenseitig in ihren umweltgefährdenden Handlungen «blockieren» und «gefangen halten» (Gutscher und Mosler, 1992). Alle behindern durch ihr umweltgefährdendes Handeln bei anderen alternative, umweltgerechte Verhaltensweisen. Die Art der Ressourcennutzung eines Sozialsystems beeinflusst ganz wesentlich das Handeln der Einzelperson, weil sie den potentiellen Gesamtertrag für die individuelle Ressourcennutzung bestimmt: Übernutzen viele eine sich noch lohnende Umweltressource, so muss die Einzelperson auch übernutzen (eine ausgebeutete Ressource zu nutzen, lohnt sich für niemanden mehr). Tut sie dies nicht, hat sie neben dem langfristigen Schaden durch die Übernutzung, der alle trifft, auch noch den geringeren unmittelbaren Ertrag. Übernutzt das Kollektiv, erscheint individuell übernutzendes Handeln «rational». Hierdurch erhält sich das kollektive Handlungsmuster bis zur endgültigen Erschöpfung der Ressource; der eigene mögliche Beitrag zur Entlastung einer Ressource durch eine zurückhaltendere Nutzung erscheint dem Individuum angesichts der massenhaften Umweltschädigung durch die anderen unerheblich und auch nicht «vernünftig».

In den Sozialwissenschaften werden die hier skizzierten Probleme als Ressourcenmanagementprobleme (Diekmann, 1991), ökologisch-soziale Dilemmata (Spada und Ernst, 1990; Ernst und Spada, 1993) oder Allmende-Klemmen (Spada und Opwis, 1985, engl. Commons-Dilemma nach Hardin, 1968) behandelt. Ich werde diesen Forschungszweig übergreifend im folgenden Gemeingut-Dilemmaforschung nennen. Die Befunde aus diesem Forschungsbereich, die im folgenden vorgestellt werden, liegen als Zwischenergebnis des Projektes «Bedingungsfaktoren der selbsttätigen Verbreitung von umweltgerechtem Handeln» (H. J. Mosler und H. Gutscher, Schwerpunktprogramm ‹Umwelt›, Projekt-Nr. 5001-035273) vor. Sie werden in Form eines systemtheoretisch ausformulierten Modells als Teilmodell in eine Computersimulation eingebettet, in welcher das umweltbezogene Verhalten einer Sozietät untersucht wird. Die Schnittstelle zwischen Individuum und Sozialsystem ist somit das Hauptthema dieses Projekts. Weitere Teilmodelle, welche die Umweltbewusstseinsforschung, die feldexperimentelle Interventionsforschung und relevante sozialpsychologische Theorien betreffen, werden hier aus Platzgründen nicht vorgestellt.

Sozialwissenschaftliche Forschung und Befunde zur Nutzung von Gemeingütern

Gemeingut-Dilemmata werden in der sozialwissenschaftlichen Forschung vor allem mit experimentellen Spielen untersucht. In kontrollierten Situationen werden die Bedingungen variiert, unter denen Personen miteinander eine Modellressource nutzen, z. B. einen sich regenerierenden Pool von Zählpunkten, den simulierten Fischbestand eines Sees u. a. Die grosse Vielfalt der Arbeiten zum Gemeingutdilemma wurde mittels einer konzeptuellen Modellierung strukturiert. Für dieses Vorgehen waren folgende Schritte notwendig:

1. Nur Variabeln, die in Überblicksarbeiten diskutiert wurden (Dawes, 1980; Messick und Brewer, 1983; Diekmann, 1991; Liebrand et al., 1992), wurden in die Analyse aufgenommen.

2. Die in den Überblicksarbeiten genannten Einzelarbeiten wurden auf empirisch abgesicherte Wirkungsweisen der Variablen hin durchgearbeitet. Jede dieser Wirkungen wurde in einem Gesamtmodell des Ressourcennutzungsverhaltens eingetragen.

3. Die Variablen mit den meisten Wirkungen konnten nun als Haupteinflussfaktoren im System angenommen werden (vgl. «Kritische und aktive Variablen» beim vernetzten Denken; Gomez und Probst, 1987).

Folgende Haupteinflussfaktoren mit dazugehörenden Befunden zum Ressourcennutzungsverhalten können herauskristallisiert werden:

1. Die *persönliche Orientierung*, d. h. ob eine Person in sozialen Situationen nur den eigenen Nutzen berücksichtigt (individualistische, «unsoziale» Orientierung), oder ob sie auch den Nutzen der anderen Beteiligten bei ihrer Entscheidung berücksichtigt (kooperative, «soziale» Orientierung), ist ein wichtiger Faktor des Ressourcennutzungsverhaltens von Personen (Dawes et al., 1977; Liebrand, 1984; Kramer et al., 1986; Liebrand et al., 1986; McClintock und Liebrand, 1988). Es zeigt sich, dass sozial orientierte Personen eine Ressource angemessener nutzen als individualistisch orientierte, was besonders dann zutage tritt, wenn die Ressource im Schwinden begriffen ist. Ausserdem denken sozial orientierte Personen, dass andere auch sozial orientiert sind, individualistisch orientierte erwarten das Gegenteil.

2. Die *Einschätzung des Ressourcenzustands*, d. h. wie Personen den Zustand einer Ressource beurteilen, ist ein weiterer Faktor (Jorgenson und Papciak, 1981; Messick et al., 1983; Samuelson et al., 1984; Kramer et al., 1986). Wissen Personen, dass die Ressource in einem schlechten Zustand ist, nehmen sie im allgemeinen ihre Nutzung zurück. Besteht aber eine (experimentell ausgelöste) Unsicherheit über die Abnahme der Ressource, dann wird die Ressource wiederum vermehrt genutzt (Budescu et al., 1990). Ausserdem nutzen Personen eine Ressource stärker, wenn sie wissen, dass ihre Mitnutzer den Niedergang der Ressource verursacht haben, als wenn sie dies auf andere Ursachen zurückführen können (Rutte et al., 1987).

3. Der mögliche *Nutzungsgewinn* ist ein weiterer wichtiger Faktor des Ressourcennutzungsverhaltens (Komorita et al., 1980; Liebrand et al., 1986). Hiermit wird der mögliche individuelle Nutzen aus einer Ressource bezeichnet, welcher von der Anzahl Personen abhängig ist, die ressourcengerecht bzw. ressourcenunangemessen nutzen. Folgendes konnte nachgewiesen werden: Je grösser der Anreiz ist, eine Ressource unangemessen zu nutzen, desto eher übernutzen Personen. Hier spielen Faktoren wie die Kosten (Investitionen) für die Ressourcennutzung, der Gewinn aus der Ressourcennutzung und die Regenerationsrate der Ressource eine Rolle (Diekmann, 1991).

4. Das *Wissen um die Nutzung anderer* ist ein zentraler Faktor des Ressourcennutzungsverhaltens (Fox und Guyer, 1978; Jorgenson und Papciak, 1981; Kramer und Brewer, 1984; Liebrand et al., 1986). Wissen Personen, dass andere Beteiligte mehrheitlich die Ressource unangemessen nutzen, so steigern auch sie ihre Nutzung. Wissen individualistisch orientierte Personen, dass andere eine Ressource unangemessen nutzen, so übernutzen sie vermehrt. Sozial orientierte Personen lassen sich von diesem Wissen dagegen nicht beeinflussen.

Ableitung von Lösungsmöglichkeiten für Umweltprobleme

Wir müssen uns der Problematik einer Übertragung von Laborbefunden auf Alltagsprobleme bewusst sein, auch wenn hierfür erfolgreiche Beispiele vorliegen (Samuelson, 1990; Thompson und Stoutemyer, 1991). Über Faktoren der internen und externen Validität solcher Laborexperimente soll hier nicht diskutiert werden (vgl. hierzu Mosler, 1991). Die folgenden Vorschläge sind ein erster Versuch der Umsetzung der Befunde aus der Forschung zum Gemeingutdilemma. Sie müssten aber alle noch mit Feldexperimenten überprüft werden. Ausserdem sind die Vorschläge nur für solche Probleme von Bedeutung, bei denen sich institutionalisierte Lösungen, wie Aufteilung der Ressource, Ausschluss von fremden Nutzern usw. (Berkes et al., 1989), nicht verwirklichen lassen. Welche Schlüsse für mögliche Lösungen in alltagsrelevanten Gemeingut-Dilemmata lassen sich nun ableiten, und welche Lösungen wurden empirisch ermittelt?

1. Bei der *persönlichen Orientierung* sind die Personen mit einer sozialen Orientierung, als Kerngruppe jeder Umweltbewegung, zu unterstützen. Diese Personen sollten aber vermehrt ihre soziale Orientierung und ihr daraus folgendes umweltorientiertes Verhalten öffentlich machen, damit individualistisch orientierte Personen ihre Meinung, die meisten anderen Personen verhielten sich umweltübernutzend, korrigieren.

2. Die *Einschätzung des Ressourcenzustandes* ist in der Realität insofern ein problematischer Faktor, als viele Umweltfaktoren nicht direkt wahrnehmbar sind (vgl. Renn in diesem Band). Hier steht ein unmittelbares Erfahrbarmachen des Zustandes im Zentrum. Mit verschiedenen Mitteln, wie z. B. mit Anzeigegeräten, mit direkten

Erlebnissen, Fotomontagen oder mit der bildlichen Umsetzung von Szenarien kann der Ressourcenzustand nahegebracht werden. Die Vorschläge von Preuss (1991), wie die Zuhilfenahme von analogen Gestaltungsmitteln, sowie die Transformation des Ressourcenzustandes in alltägliche Vergleichsgrössen, erscheinen erfolgversprechend. Unsicherheiten bezüglich des Ressourcenzustandes lassen sich aufgrund der schwierigen Wahrnehmbarkeit letztlich aber kaum vermeiden. Dabei sollte einmal hinterfragt werden, warum denn gerade im Umweltbereich jegliches Handeln von einer absoluten Wissenssicherheit abhängig gemacht werden soll, wo doch in so gut wie allen übrigen Lebensbereichen niemals mit dem Handeln bis zur absoluten Klarheit über die Ausgangssituation gewartet wird. Aus Befunden, wonach Personen eine Ressource vermehrt nutzen, wenn sie wissen, dass ihre Mitnutzer den Niedergang der Ressource verursacht haben, lässt sich eine wichtige Konsequenz ziehen. Man muss darauf hinweisen, dass auch andere, nicht anthropogene Faktoren für den Zustand der Ressource mitverantwortlich sind, damit nicht der Ressourcenniedergang durch eine vermehrte Nutzung noch beschleunigt wird.

3. Der mögliche *Nutzungsgewinn* ist über das Kosten-Nutzen-Verhältnis des Nutzungsverhaltens z. B. mit Steuern und finanziellen Anreizen direkt beeinflussbar. Es muss sich lohnen, umweltgerecht zu handeln. Mit denselben Mitteln ist es möglich, sicherzustellen, dass es sich schon bei wenigen Beteiligten auszahlt, sich umweltgerecht zu verhalten. Personen dürfen sich nicht als die zweifach Geschädigten vorkommen, die neben dem geleisteten Verzicht auch noch den durch andere verursachten Schaden mittragen müssen.

4. Das Wissen um die *Nutzung anderer* scheint der zentrale Faktor im sozialen Dilemma zu sein und ist deswegen auch der Faktor, zu dem die meisten Lösungsmöglichkeiten untersucht wurden und Befunde vorliegen:

a) Allein das Wissen um den sozialen Konflikt bei der Nutzung eines Gemeinguts trägt wesentlich zu einer gemeinsamen angemessenen Nutzungsweise bei (Thompson und Stoutemyer, 1991).
b) Kommunikation, über den Konflikt miteinander reden, vermag den Konflikt zu entschärfen (Dawes et al., 1977; Liebrand, 1984), vor allem, wenn Informationen über den Ressourcenzustand und das Verhalten anderer fehlen (Jorgenson und Papciak, 1981).
c) Verbindliche Abmachungen darüber, wie man gemeinsam in Zukunft die Ressource nutzen will, führen zu einer angemessenen, kollektiven Ressourcenbewirtschaftung (Orbell, et al., 1988).
d) Eine kollektive Identität, die ein «Wir»-Gefühl hervorbringt, führt ebenfalls zu einer nachhaltigen Bewirtschaftung (Kramer und Brewer, 1984; Kramer et al., 1986).
e) Sind die vorgenannten Möglichkeiten nicht gegeben, weil die Nutzer eine zu grosse, anonyme Anzahl Personen darstellen, so muss die angemessene Ressourcennutzung von einer kleinen Gruppe ausgehen, die eine Verpflichtung zu umweltgerechtem

Handeln eingeht, diese öffentlich macht und kontrollieren lässt. Mit einer kontrollierten, öffentlichen Verpflichtung vermindern Personen ihre Ressourcennutzung, wie unsere eigenen Forschungen zeigen (Mosler, 1993). Vor allem Personen mit niedrigem Umweltbewusstsein sprechen auf solche Verpflichtungen an.

Für eine wirkungsvolle Anwendung dieser Lösungsvorschläge muss zusätzlich eine Einbettung in naturwissenschaftliche Erkenntnisse über die Ressource vollzogen werden. Dies wird im folgenden Kapitel unternommen.

Zusammenarbeit zwischen Natur- und Sozialwissenschaften

Jedes Umwelt- und auch jedes Naturschutzproblem hat einen sozial- wie auch einen naturwissenschaftlichen Aspekt. Wirkungsvolle Lösungen dieser Probleme bedingen somit eine Zusammenarbeit zwischen Sozial- und Naturwissenschaften. Im folgenden wird ein Vorschlag skizziert, welcher besonders unter den günstigen Rahmenbedingungen des Schwerpunktprogramms «Umwelt» als erster Ansatzpunkt für eine Zusammenarbeit zwischen Sozial- und Naturwissenschaften dienen könnte. Die Sichtweise der Gemeingut-Dilemmaforschung bietet sich m. E. hierzu an, weil sie die Schnittstellen Individuum – Ressource und Sozialsystem – Ressource thematisiert.

Von der naturwissenschaftlichen Seite werden vor allem Erkenntnisse über die Umweltressource, deren Zustand, deren Regenerationscharakteristika und spezifisch fördernde und hemmende Bedingungen benötigt, wie z. B. der Turnover der Luft über einer Agglomeration, das logistische Wachstum einer Tierpopulation, aber auch die geophysikalische Beschaffenheit des Untergrundes eines Sees, populationssensible Lebensräume für Tierbestände (Balzplätze, Aufzuchtgebiete) usw. Diese Erkenntnisse werden nun an den Schnittstellen angewendet. Allerdings werden Bemühungen nötig sein, die immer vorhandenen Verständigungsschwierigkeiten zwischen Natur- und Sozialwissenschaften zu überwinden. An der Schnittstelle Individuum – Ressource sind sie Voraussetzung für die Einschätzung des Ressourcenzustandes durch das Individuum sowie für das Wissen über die spezifischen Bedingungen nichtanthropogener Ursachen des Ressourcenzustandes. Nicht vernachlässigen darf man an dieser Stelle die menschlichen Besonderheiten bei der Informationsaufnahme und -verarbeitung (Frey et al., 1990; Preuss, 1991). An der Schnittstelle Sozialsystem und Umweltressource dienen naturwissenschaftliche Erkenntnisse

1. als Angaben zu einer ressourcengerechten Nutzung für sozial orientierte Personen,

2. als Grundlage für ein Erkennen der Ressource als Gemeingut und somit für ein Gewahrwerden des sozialen Konflikts bei der Nutzung des Gemeinguts,

3. als Angaben für eine kollektiv optimale Ressourcennutzung, welche die Grundlage bilden für individuelle ressourcengerechte Nutzungsgrössen.

Natürlich liegen die naturwissenschaftlichen Erkenntnisse nicht widerspruchsfrei vor, sie können aber trotzdem den Beteiligten als Diskussionsgrundlage dienen. Wissenschaftler sollten sich hier nicht mit der Aussage «Wir wissen es noch nicht genau...» aus der Verantwortung ziehen, sondern zu dem vorhandenen Wissen stehen. An der Schnittstelle Individuum – Sozialsystem gilt es eine konfliktrelevante Kommunikation mit und unter den Beteiligten anzuregen mit dem Ziel, verbindliche Abmachungen über gerechte Nutzungsregeln zu erreichen. Damit die Beteiligten aber nicht friedlich miteinander die Ressource zugrunde richten, braucht es eindeutige naturwissenschaftliche Aussagen darüber, wie die Ressource nachhaltig genutzt werden kann: Wieviel darf jeder Beteiligte nutzen, so dass die Ressource sich wieder erholen kann? Wieviel Liter Benzin darf jeder Anwohner in einer Agglomeration in der Woche verbrauchen, damit er nicht zur Überschreitung der Grenzwerte beiträgt? Wieviel Jauche darf ein Bauer wann auf die Felder bringen, damit er nicht zur Überdüngung des Gewässers beiträgt? Wieviel Freizeitaktivisten verträgt ein Gebiet, vor allem an welchen Stellen?

Die angestrebten verbindlichen Abmachungen können leichter erstellt werden, wenn mit Hilfe des sozialwissenschaftlichen Instruments der Umfrage soziale Transparenz geschaffen wird. Die Beteiligten erfahren etwas über die Stimmungen anderer, deren Betroffenheit, Motive, deren wahrgenommenes Kosten-Nutzen-Verhältnis eines umweltbezogenen Verhaltens und deren Handlungsbereitschaften. Wie nehmen die anderen die Situation wahr? Wo wären sie bereit, etwas zu tun, ihr Verhalten zu verändern? Und am wichtigsten: Welche Umstellungen schlagen sie vor und wären sie bereit mitzutragen? Erfolgreiche Anwendungsbeispiele liegen vor (Heberlein, 1989), und es sollte nicht so schwer sein, sie an andere Verhältnisse anzupassen.

Ich hoffe wenigstens ansatzweise gezeigt zu haben, wie an den Schnittstellen Individuum und Sozialsystem zur Umweltressource eine Zusammenarbeit zwischen Natur- und Sozialwissenschaften erfolgversprechend sein könnte, und denke, dass auf diesen ersten Schritt weitere in die entsprechende Richtung folgen sollten.

Literatur

Berkes, F., Feeney, D., MacCay, B. J. and Acheson, J. M. (1989). The benefits of the commons. *Nature, 340,* 91–93.

Budescu, D. V., Rapoport, A. and Suleiman, R. (1990). Resource dilemmas with environmental uncertainty and asymmetric players. *European Journal of Social Psychology, 20,* 475–487.

Dawes, R. M. (1980). Social dilemmas. *Annual Review of Psychology, 31,* 169–193.

Dawes, R. M., McTavish, J. and Shaklee, H. (1977). Behavior, communication, and assumptions about other people's behavior in a commons dilemma situation. *Journal of Personality and Social Psychology, 35(1),* 1–11.

Diekmann, A. (1991). Soziale Dilemmata. Modelle, Typisierungen und empirische Resultate. In: H. Esser und K. G. Troitzsch (Hrsg.), *Modellierung sozialer Prozesse* (pp. 417–456). Bonn: Informationszentrum Sozialwissenschaften.

Dörner, D. (1993). Denken und Handeln in Unbestimmtheit und Komplexität. *Gaia, 2(3),* 128–138.

Dörner, D. und Preussler, W. (1990). Die Kontrolle eines einfachen ökologischen Systems. *Sprache und Kognition, 9,* 205–217.

Ernst, A. M. und Spada, H. (1993). Bis zum bitteren Ende? In: J. Schahn und T. Giesinger (Hrsg.), *Psychologie für den Umweltschutz* (pp. 17–28). Weinheim: Psychologie Verlags Union.

Fox, J. and Guyer, M. (1978). «Public» Choice and Cooperation in n-Person Prisoner's Dillemma. *Journal of Conflict Resolution, 22(3),* 469–481.

Frey, D., Stahlberg, D. und Wortmann, K. (1990). Energieverbrauch und Energiesparen. In: L. Kruse, C. F. Graumann und E.-D. Lantermann (Hrsg.), *Ökologische Psychologie* (pp. 680–690). München: Psychologie Verlags Union.

Gomez, P. und Probst, G. J. B. (1987). *Vernetztes Denken im Management.* Bern: Schweizerische Volksbank.

Gutscher, H. und Mosler, H.-J. (1992). Menschliche Einfalt gegen natürliche Vielfalt? *Uni-Zürich, 3,* 25–27.

Hardin, G. (1968). The Tragedy of the Commons. *Science, 162(3859),* 1243–1248.

Heberlein, T. A. (1989). Attitudes and Environmental Management. *Journal of Social Issues, 45(1),* 37–57.

Jorgenson, D. O. and Papciak, A. S. (1981). The effects of communication, resource feedback, and identifiability on behavior in a simulated commons. *Journal of Experimental Social Psychology, 17(4),* 373–385.

Komorita, S. S., Sweeney, J. and Kravitz, D. A. (1980). Cooperative Choice in the N-Person Dilemma Situation. *Journal of Personality and Social Psychology, 38(3),* 504–516.

Kramer, R. M. and Brewer, M. B. (1984). Effects of group identity on resource use in a simulated commons dilemma. *Journal of Personality and Social Psychology, 46(5),* 1044–1057.

Kramer, R. M., McClintock, C. G. and Messick, D. M. (1986). Social values and cooperative response to a simulated resource conservation crisis. *Journal of Personality, 54,* 576–592.

Liebrand, W. B. G. (1984). The effect of social motives, communications and group size on behavior in an N-person multi-stage mixed-motive game. *European Journal of Social Psychology, 14,* 239–264.

Liebrand, W. B. G., Wilke, H. A. M. and Wolters, F. J. M. (1986). Value orientation and conformity. A study using three types of social dilemma games. *Journal of Conflict Resolution, 30(1)*, 77–97.

Liebrand, W., Messick, D. and Wilke, H. (1992). *Social Dilemmas.* Oxford: Pergamon Press.

McClintock, C. G. and Liebrand, W. B. G. (1988). Role of interdependence structure, individual value orientation, and another's strategy in social decision making: A transformal analysis. *Journal of Personality and Social Psychology, 55(3)*, 396–409.

Messick, D. M. and Brewer, M. B. (1983). Solving Social Dilemmas: A Review. In: L. Wheeler and P. Shaver (Eds), *Review of Personality and Social Psychology* (pp 11–44). Beverly Hills: Sage.

Messick, D. M., Wilke, H., Brewer, M. B., Kramer, R. M. et al. (1983). Individual adaptations and structural change as solutions to social dilemmas. *Journal of Personality and Social Psychology, 44(2)*, 294–309.

Mosler, H.-J. (1991). Sozialforschung mit dem Computer? *Uni-Zürich, 4*, 13–14.

Mosler, H.-J. (1993). Self-Dissemination of environmentally-responsible behavior: The Influence of trust in a commons dilemma game. *Journal of Environmental Psychology, 13*, 111–123.

Orbell, J. M., Van de Kragt, A. J. C. and Dawes, R. M. (1988). Explaining discussion-induced cooperation. *Journal of Personality and Social Psychology, 54(5)*, 811–819.

Preuss, S. (1991). *Umweltkatastrophe Mensch.* Heidelberg: Roland Asanger.

Rutte, C. G., Wilke, H. A. M. and Messick, D. M. (1987). Scarcity or abundance caused by people or the environment as determinants of behavior in the resource dilemma. *Journal of Experimental Social Psychology, 23*, 208–216.

Samuelson, C. D. (1990). Energy conservation: A social dilemma approach. *Social Behaviour, 5*, 207–230.

Samuelson, C. D., Messick, D. M., Rutte, C. G. and Wilke, H. (1984). Individual and structural solutions to resource dilemmas in two cultures. *Journal of Personality and Social Psychology, 47(1)*, 94–104.

Spada, H. und Opwis, K. (1985). Ökologisches Handeln im Konflikt: Die Allmende-Klemme. In: P. Day, U. Fuhrer und U. Laucken (Hrsg.), *Umwelt und Handeln — Ökologische Anforderungen und Handeln im Alltag* (pp. 63–85). Tübingen: Attempto Verlag.

Spada, H. und Ernst, A. M. (1990). *Wissen, Ziele und Verhalten in einem ökologisch-sozialen Dilemma.* Forschungsbericht. Psychologisches Institut der Universität Freiburg.

Thompson, S. C. and Stoutemyer, K. (1991). Water use as a commons dilemma. The effects of education that focuses on long-term consequences and individual action. *Environment and Behavior, 23(3)*, 314–333.

Ökologisches Handeln mit sozialen Systemen

Understanding and Changing Environmentally Destructive Behavior

Paul C. Stern
U.S. National Research Council
Washington, D.C.

This paper describes five beliefs about environmentally destructive behavior that contain some truth, but also embody serious misconceptions. It explains what is wrong with these beliefs and outlines a set of general principles for changing anti-environmental human activity that are consistent with two decades of research and practical experience.

Many writers claim to know the main cause of environmentally destructive human behavior, but unfortunately, they do not agree with each other. Their views contain partial truths, but each also perpetuates serious misconceptions. I present a few of these misconceptions and some well-grounded principles for environmental intervention.

Five Common Misconceptions

1. *"People start pollution; people can stop it."* This slogan of an industry-sponsored antilittering campaign in the United States is obviously true, but at the same time seriously misleading in two ways. First, it implicitly equates human behavior with individual behavior. In fact, however, most pollution is caused by organizational behavior. Energy use, release of water and air pollutants, and other environmentally destructive activities result mainly from the acts of corporations and governments, not individuals and households (Stern and Gardner, 1981a; 1981b). It follows that changing the behavior of individuals, even if perfectly effective methods could be found, would not eliminate most pollution.

   Second, the slogan misleads by suggesting that people can stop their pollution by simple individual actions, such as throwing trash in litter cans instead of on highways, turning out lights, or putting waste in bins for recycling. But changing such voluntary, individual behaviors is not usually the most effective thing an individual can do to stop pollution. People can usually have greater impact by changing their purchases of household equipment like cars and furnaces or by political actions to force changes in organizational behavior and promote innovations that make necessary daily activities like going to work and heating the home less polluting. Seeing environmentally destructive behavior in its true social context shows that behavioral psychology is only one of many relevant social scientific approaches to the problem, and probably not the most important.

2. *To stop pollution, we need to change our basic values.* Prominent writers have long blamed environmental problems on basic human values or worldviews and the institutions built on them, including capitalism, materialism, pronatalism, Judaeo-Christian religion, and humanism. Values may matter a great deal on a time scale of generations, but it does not follow that a basic change in human values would make a large difference in the short term. There is no credible evidence that people with strong moral codes about the environment, or non-consumerist ideas about the good life, consume substantially less resources than average people. And at the level of societies, the environmentalist tenets of Hinduism, Buddhism, and Taoism have done little to protect the environments of India and China from degradation at human hands. So, proenvironmental values are not enough. And value change may not even be necessary. Average citizens in almost every country so far surveyed, both wealthy and developing, express strongly proenvironmental attitudes and concerns (Dunlap et al., 1993). For example, the 85% of the U.S. population and the 77% in Norway who expressed "a great deal" or "a fair amount" of personal concern about environmental problems are not much different from the 78% who expressed the same sentiment in Russia, the 80% in Brazil, or the 77% in India. It is bad psychology to blame environmentally destructive behaviors on individuals' attitudes without examining how incentive structures affect the behaviors. The relative importance of attitudes and incentives is not well understood, but it probably varies with the situation (e. g., Guagnano et al., 1994).

3. *Education is the way to solve environmental problems.* Education usually accomplishes little in the short run because even if it changes minds, many barriers, both within individuals and in their social and economic environments, can keep proenvironmental desires from being expressed in action. Table 1 shows a causal chain of factors that affect proenvironmental behavior, each of which can be a barrier to behavior change. Many of these variables lie outside the individual and are therefore impervious to education. The available evidence suggests that the more serious these external barriers are, the less difference education makes. But as already mentioned, the behaviors that change easily tend to have small environmental impacts. The prospects may be better with a longer time horizon. For example, the increased environmental

concern that began in many industrialized countries in the 1960s led to legislation that has improved the environment — but this process takes many years. In the short run, the most effective uses of education are where the chief barriers to action are internal, particularly ignorance and misinformation. Yet even for this purpose, the educational approach often fails because information is merely disseminated, without taking advantage of psychological principles that govern how people attend to and interpret information (e. g., Ester and Winett, 1982).

4. *Protecting the environment will require people to make personal sacrifices.* It may well be that for the earth as a whole and over the long run, the present Western patterns of living will not be sustainable, and people who live the way some of us do (particularly in North America) will have to make sacrifices. But at present, individuals in the United States and many other industrialized countries can usually do more for the environment by adopting more environmentally friendly consumer technologies than by sacrificing the things the technologies provide (Stern and Gardner, 1981a, 1981b; the situation does vary by country, however, as Löfstedt [1993] shows for the Swedish case).

5. *Environmental degradation is the result of innate human selfishness.* The idea that it is human nature to destroy the environment is supported by two powerful theories of human behavior — behaviorism and neoclassical economics — and argued forcefully in Garrett Hardin's famous paper, "The Tragedy of the Commons" (1968). This analysis develops the important insight that incentives can overwhelm good intentions and leads to important lines of research on market-like incentive systems for environmental protection and incentive-compatible institutional design. But despite the importance of this work, the short-term egoism it takes as a universal principle is not the only relevant aspect of human nature. The best evidence against Hardin's account is that human groups have often maintained their natural resources (including the English commons that provided his metaphor) over long time periods — several centuries in many instances — without the coercion Hardin says is needed (Levine, 1986; Ostrom,1990). Some of the elements of successful community-based resource management — informal social networks, shared mutual expectations, and continued interaction among community members — have been used to address modern environmental problems such as recycling and energy and water conservation at the community level (cf. Gardner and Stern, 1995: Chapter 6).

The economistic theory of behavior also blinds its practitioners to significant opportunities, so that applications of incentives in environmental policy repeatedly fall short of their potential. For example, the success of financial incentive programs for residential energy conservation in the United States has varied much more between programs offering the same incentive than between different levels of incentive (Stern et al., 1986).

Table1. *A causal model of resource-consumption behavior and possible interventions with examples from residential energy conservation. (Adapted from Stern and Oskamp, 1987)*

Level of causality	Type of variable and examples	Types of intervention and examples
7	**Household background** (income, education)	----
6	**External incentives and constraints** (energy prices, size of dwelling, available technology, financial cost)	**Incentive structure** (financial incentives, altered regulations, improved convenience, improved technology)
5	**Values** (materialism, egoism)	**Value change** (social movements to change values)
4	**Attitudes and beliefs** (concern about environment belief households can help)	**Attitude change and informal social influence** (activate personal and social norms; build commitment; monitor behavior)
3	**Knowledge** (knowing water heater is major energy user; knowing how to upgrade insulation)	**Information** (match information to consumer's situation; provide it at point of action)
2	**Attention, behavioral commit-ment, etc.** (remembering to weatherstrip windows)	**Information and informal social influence** (vivid presentations; word of mouth; credible sources; framing)
1	**Resource-saving behavior** (less use of air conditioner, buying high-efficiency furnace)	----

The differences appeared to be due mainly to the ways the programs marketed themselves. The lesson is that in some important circumstances, tangible incentives are not the key to behavior change.

Principles for Intervention

The evidence suggests that environmentally destructive behavior has no single cause or cure. Rather, there are many barriers to behavior change, and many potentially useful strategies. It is not possible to write prescriptions that apply to all situations — the barriers and actors' circumstances are too varied for that — but some general principles are supported by two decades of research and experience. This list is based on the more detailed presentation in my forthcoming text (cf. Gardner and Stern, 1995: Chapter 7).

1. *Conduct a behavioral analysis of the pollution to be prevented.* The first principle is to understand which behaviors are most responsible for the environmental degradation and whose behaviors they are — in particular, the relative roles of individual behavior, organizational behavior, and the institutions that create incentives for the actors. For example, pollution from automobiles results from the behavior of automotive designers, manufacturers and mechanics, petroleum refiners, and highway planners, as well as drivers.

2. *Use multiple intervention types to address the limiting factors to behavior change.* Tangible incentives, education, appeals to values, and informal community-based means of social influence can all have a place in a long-term program to change environmentally destructive behavior, and the most effective efforts to promote proenvironmental behavior typically employ two or more of these basic strategies. The right side of Table 1 shows types of intervention that can address the various barriers, or limiting factors.

3. *Understand the situation from the actor's perspective.* The people whose behavior is to be changed are in the best position to identify the barriers they face. One may elicit their insight by a scientific approach (surveys, field experiments, etc.) or a participatory one (for example, by including representatives of the target group in the program design team and elicit informal feedback through them).

4. *When limiting factors are psychological, apply understanding of human choice processes.* Social and behavioral scientists know ways to make information, incentives, and community management more effective. These ways are generally not used by environmental policy makers. Among the useful principles are designing interventions to attract attention, making choices simple and straightforward, inducing commitment and active participation, and cooperating with community-based institutions.

5. *Address conditions beyond the individual that constrain proenvironmental choice.* Sometimes, the best way to change individual behavior is indirectly, by changing conditions that are far beyond individual control, but that limit individual choice. Sometimes, when incentives to individuals can do little, incentives to organizations can do more. In

the United States, major cuts in pollution from automobiles were achieved by changing automobile manufacturers' incentives. Similarly, changing subsidies for highway construction and suburban housing might, in the long run, reverse the trend toward suburbanization that makes cars a necessity for so many workers. Understanding organizational behavior is a key.

6. *Set realistic expectations about outcomes.* It is a mistake to anticipate that any intervention will accomplish all that is desired from the start because it takes time and effort to identify the key limiting factors affecting a desired behavior and to find effective ways to overcome them. This may seem a simple point, but it often goes unrecognized. It is worth keeping in mind that people-based programs are often expected to make dramatic progress in a matter of months, whereas the hardware-based programs they are intended to replace, such as electric power plants and trash incinerators, take years just in the construction.

7. *Continually monitor responses and adjust programs accordingly.* Interventions are social experiments, and need to build in feedbacks to improve themselves and to respond to changing conditions. As with the process of identifying the limiting factors, there are two basic strategies available. The scientific approach relies on detailed evaluation studies to monitor and improve an intervention; the participatory approach sacrifices rigor for flexibility, rapidity, and cost savings.

8. *Stay within the actors' tolerance for intervention.* Organized opposition often arises to environmental interventions — in the United States, the siting of nuclear power and hazardous waste facilities and proposals to increase gasoline prices are prominent examples. Resistance also arises in policy implementation. Such problems show the importance of staying within the target groups' limits of acceptance. It is sometimes possible to stretch those limits, but only to a point, for example, by educating the actors about the benefits and importance of following new rules.

9. *Use participatory methods of decision making.* Participatory processes can help programs find ways to follow these principles. Participation helps in program design, in building support for whatever intervention is ultimately chosen, promoting perceptions of fairness, and increasing the likelihood that the participants will internalize the new rules, thus reducing political conflict and the need for expensive enforcement. And as we have already noted, participation provides an efficient way of monitoring a program's progress. If the participation includes real influence over the design of the intervention, it is likely to result in programs that are fair in reality and not only in perception.

Participatory choice procedures may work most smoothly in small groups of individuals, but they can also be employed in larger communities that establish effective two-way communication between the officials who run the program and the people it is intended to serve, and that allow the latter group some meaningful influence. The participatory principle reaches its highest level when the program managers are directly answerable to a community group, for example, as community employees.

Conclusion

Past experience and basic knowledge in behavioral and social science support several principles, or useful guidelines, for those who would devise policies or programs to promote proenvironmental behavior. The principles are not sufficiently well used. Instead, environmental programs too often derive from the "common sense" of people who have not studied which conditions are conducive to which types of interventions, how interventions interact, what makes them succeed and fail, and how to build in possibilities for learning and adaptation. This sort of common sense generally leads to error. But systematic study of environmental programs and their interactions with people, groups, and organizations can improve on untutored intuition.

References

Dunlap, R. E., Gallup, G. H., Jr. and Gallup, A. M. (1993). Global environmental concern: Results from an international public opinion survey. *Environment 35(9)*, 7–15, 33–39.

Ester. P. and Winett, R. A. (1982). Toward more effective antecedent strategies for environmental programs. *Journal of Environmental Systems, 11*, 201–221.

Gardner, G. T. and Stern, P. C. (1995). *Environmental Problems and Human Behavior.* Needham Heights, MA: Allyn and Bacon.

Guagnano, G., Stern, P. C. and Dietz, T. (1994). Effects of external incentives on attitude-behavior relationships: A natural experiment with curbside recycling. *Environment and Behavior,* under review.

Hardin, G. (1968). The tragedy of the commons. *Science, 162,* 1243–1248.

Levine, B. L. (1986). The tragedy of the commons and the comedy of community: The commons in history. *Journal of Community Psychology, 14,* 81–99.

Löfstedt, R. E. (1993). Hard habits to break: Energy conservation patterns in Sweden. *Environment, 35(2),* 10–15, 33–36.

Ostrom, E. (1990). *Governing the Commons: The Evolution of Institutions for Collective Action.* Cambridge: Cambridge University Press.

Stern, P. C., Aronson, E., Darley, J. M., Hill, D. H., Hirst, E., Kempton, W. and Wilbanks, T. J. (1986). The effectiveness of incentives for residential energy conservation. *Evaluation Review, 10,* 147–176.

Stern, P. C. and Gardner, G. T. (1981a). Psychological research and energy policy. *American Psychologist, 36,* 329–342.
Stern, P. C. and Gardner, G. T. (1981b). The place of behavior change in managing environmental problems. *Zeitschrift für Umweltpolitik, 2,* 213–239.
Stern, P. C. and Oskamp, S. (1987). Managing scarce environmental resources. In: D. Stokols and I. Altman (Eds), *Handbook of Environmental Psychology* (pp. 1043–1088). New York: Wiley.

De l'homo economicus à l'homo ecologicus: L'information au service d'une politique des transports favorable à l'environnement?

Danielle Bütschi et Hanspeter Kriesi
Université de Genève
Département de science politique

In this article, we first present the dilemma confronted by Swiss environmental policy: while the introduction of coercive measures or economic incentives might encourage ecological behavior, it may also arouse large popular opposition. Then, we discuss the role of information as a way of solving this dilemma. Finally, we introduce a research design for a study of how information influences the formation and the transformation of individual preferences.

Introduction

Depuis la fin des années soixante, le constat d'une détérioration de la qualité de l'environnement est devenu un enjeu primordial des sociétés occidentales. Les sciences sociales ont largement étudié ce phénomène et ont notamment porté leur attention sur la contestation écologique ainsi que sur les changements de valeurs et la formation d'attitudes écologiques parmi les individus[9]. En Suisse notamment, les recherches menées par différents auteurs témoignent de la force du mouvement écologique comme acteur politique (voir App, 1987; Giugni et Kriesi, 1990; Kriesi et al., 1981; Moser, 1987), ainsi que de l'apparition d'une conscience écologique au sein de la population (voir Diekmann et Preisendörfer, 1991; 1992; Knoepfel, 1986).

Mais, en dépit de ces conclusions, force est de constater que la qualité de l'environnement continue à se détériorer et que les objectifs en matière d'assainissement de l'environne-

9 Pour une revue des études portant sur la contestation écologique et sur la formation de valeurs et d'attitudes écologiques, voir Lowe et Rüdig (1986).

ment sont loin d'être réalisés[10]. Si des efforts doivent encore être entrepris pour réduire les activités polluantes des entreprises et des acteurs organisationnels de manière plus générale, on peut sans hésitation affirmer que les individus éprouvent aussi certaines difficultés à mettre en pratique leurs convictions écologiques (voir Diekmann et Preisendörfer, 1991; 1992). Ainsi, pour augmenter la disponibilité de la population à agir dans le respect de l'environnement, plusieurs mesures sont discutées — voire parfois mises en place — par les autorités. Cependant, toutes ces mesures ne sont pas reçues avec le même enthousiasme par la population. Certaines, peu contraignantes (mais aussi moins efficaces pour développer des pratiques écologiques, du moins à court terme), sont relativement bien acceptées alors que d'autres agissant de manière plus directe sur le comportement soulèvent mécontentement et opposition. Dans cet article, nous chercherons à voir comment diverses mesures actuellement discutées dans le domaine des transports en Suisse sont accueillies par les citoyens et les citoyennes. Dans une première partie, nous présenterons les connaissances et les opinions des Suisses et des Suissesses à l'égard de ces mesures et insisterons sur le fait que les mesures les plus efficaces sont justement celles qui sont le moins bien acceptées. Ensuite, à l'aide de théories psycho-sociologiques, nous tenterons de développer un cadre d'analyse nous permettant d'expliquer en quoi l'information offre une solution pour augmenter les chances d'acceptation de mesures contraignantes. Enfin, dans une dernière partie, nous présenterons la démarche empirique à partir de laquelle nous comptons analyser le rôle de l'information.

Transports et environnement: le dilemme de l'*homo economicus*

Les mesures discutées par les autorités politiques suisses (communales, cantonales et fédérales) — ainsi que par d'autres organisations compétentes en matière de transports — pour réduire les nuisances liées à l'environnement occasionnées par le trafic privé son nombreuses et variées. Sans vouloir en dresser la liste ici, on peut néanmoins les distinguer selon les domaines auxquels elles s'appliquent et les moyens qu'elles mettent en oeuvre. Certaines mesures touchent à la consommation d'énergie (et plus particulièrement à la consommation d'essence), d'autres concernent les véhicules, et d'autres encore les infrastructures et les conditions d'utilisation des voitures. Quant aux moyens préconisés par ces mesures, il peut s'agir d'incitations financières, de normes ou encore de promotion d'alternatives technologiques ou organisationnelles à la voiture. Parmi cette variété de mesures, nous en avons sélectionnées sept et avons demandé à un échantillon de 2'000 citoyens et citoyennes suisses ce qu'ils en

---

10 C'est en tout cas le contenu de la conférence de presse sur le bilan de l'ordonnance sur la protection de l'air, tenue le 21 février 1994 par la Conseillère fédérale Ruth Dreifuss.

pensaient[11]. Il est par ailleurs à noter que nous avons aussi retenu une mesure qui ne concerne pas directement les voitures mais qui s'en prend aux poids lourds, afin d'analyser à quel point les citoyens suisses estiment que les coûts environnementaux occasionnés par les transports doivent être portés par les camions (qui, il est vrai, sont responsables d'une large part de la pollution). En conséquence, nous avons retenu les mesures suivantes:

- réduction de la vitesse sur les autoroutes à 100 km/h;
- fermeture des centres-villes à la circulation automobile;
- limitations du stationnement en ville;
- introduction d'une taxe sur le CO_2;
- augmentations graduelles du prix de l'essence à Frs 2.– d'ici l'an 2000;
- introduction d'une taxe poids lourds liée aux kilomètres parcourus;
- introduction de mini-véhicules électriques.

Comme préalable à notre réflexion, il est intéressant de savoir si les personnes interviewées ont déjà entendu parler de ces mesures. Il est clair que certaines personnes connaissent une partie des mesures sélectionnées sans pour autant les reconnaître sous l'intitulé que nous avons choisi. C'est pourquoi, pour chaque mesure, avant de demander à la personne si elle en a déjà entendu parler, nous fournissons d'abord une explication en quelques mots. Procéder de la sorte nous permet non seulement de prévenir toute confusion, mais aussi d'éviter que dans la suite de l'interview, les gens donnent leur opinion sur une mesure qu'ils ne connaissent pas. Ainsi, on constate que ces mesures sont, pour l'ensemble, bien connues des Suisses et des Suissesses (tableau 1). On peut notamment affirmer sans exagération que tout le monde a entendu parler des voitures électriques comme alternative aux voitures traditionnelles. De même, des mesures qui ont suscité passablement de débats (comme par exemple la fermeture des centres-villes au trafic motorisé et la limitation de la vitesse sur les autoroutes à 100 km/h) sont connues de plus de 80% des citoyens et des citoyennes suisses. En revanche, ces résultats nous montrent que certaines mesures comme la taxe sur le CO_2, et surtout l'augmentation progressive du prix de l'essence à 2 francs d'ici l'an 2000, restent peu débattues publiquement et se confinent à des discussions d'experts[12]. Par ailleurs, il est à noter que les mesures sont généralement moins bien connues en Suisse romande et au Tessin qu'en

11 Ces questions — tout comme des questions venant d'autres projets de recherches — ont été intégrées dans l'*Umwelt Survey* réalisée à la fin 1993 par Diekmann et Franzen dans le cadre du Programme Prioritaire Environnement. Dans ce questionnaire, l'intérêt des chercheurs impliqués concerne divers thèmes, comme par exemple la gestion des déchets, les habitudes de chauffage, l'énergie nucléaire, le changement climatique, etc.

12 Il est à noter que cette enquête a été réalisée avant la votation du 20 février 1994 sur les transports et avant que le projet de taxe sur le CO_2 soit soumis à la procédure de consultation (et donc repris par les médias).

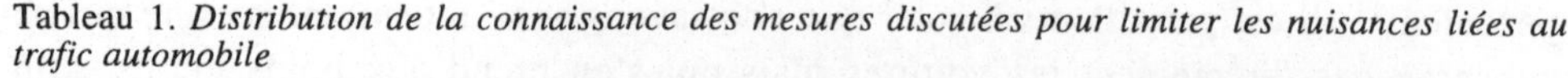

Tableau 1. *Distribution de la connaissance des mesures discutées pour limiter les nuisances liées au trafic automobile*

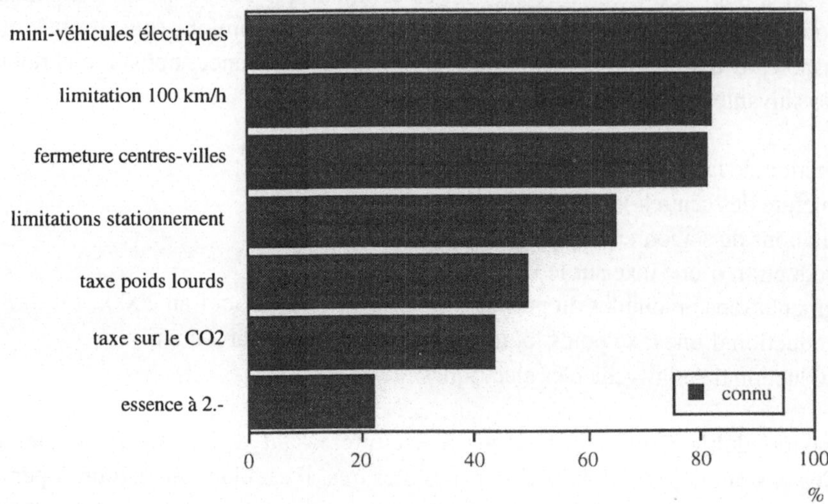

Suisse alémanique. Par exemple, alors que 71% des Alémaniques ont entendu parler des limitations du stationnement en ville, seuls 46% des Romands et 37% des Tessinois en ont entendu parler.

Ensuite, lorsque l'on considère l'opinion des personnes à propos des mesures en question[13], on constate — et ceci de manière surprenante — que cinq mesures recueillent une majorité d'opinions favorables (tableau 2)[14]. Ainsi, l'idée que des mesures doivent être prises pour favoriser des pratiques écologiques en matière d'environnement semble être partagée par une part importante de Suisses et de Suissesses, et surtout par les Suisses alémaniques. Toutes les mesures recueillent en effet plus d'opinions favorables en Suisse alémanique qu'en Suisse romande. Par exemple, 25% des Alémaniques sont plutôt pour et 17% fortement pour l'augmentation du prix de l'essence à 2 francs, alors que parmi les Romands 18% sont plutôt pour et 5% fortement pour.

---

13 La mesure de l'opinion s'est faite au travers d'une question du type: êtes-vous fortement contre, plutôt contre, plutôt pour, fortement pour la limitation de la vitesse sur les autoroutes à 100 km/h.

14 Nous devons cependant nuancer ces résultats. Il s'agit en effet d'un sondage d'opinion qui, contrairement à une votation populaire, n'est pas assorti d'enjeux particuliers et n'a pas été repris par une campagne médiatique. De même, ces questions ont été posées dans le cadre d'un questionnaire portant uniquement sur la problématique de l'environnement, ce qui peut introduire des biais méthodologiques.

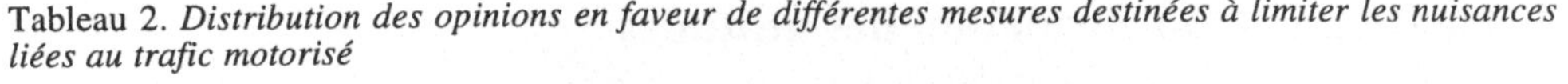

Tableau 2. *Distribution des opinions en faveur de différentes mesures destinées à limiter les nuisances liées au trafic motorisé*

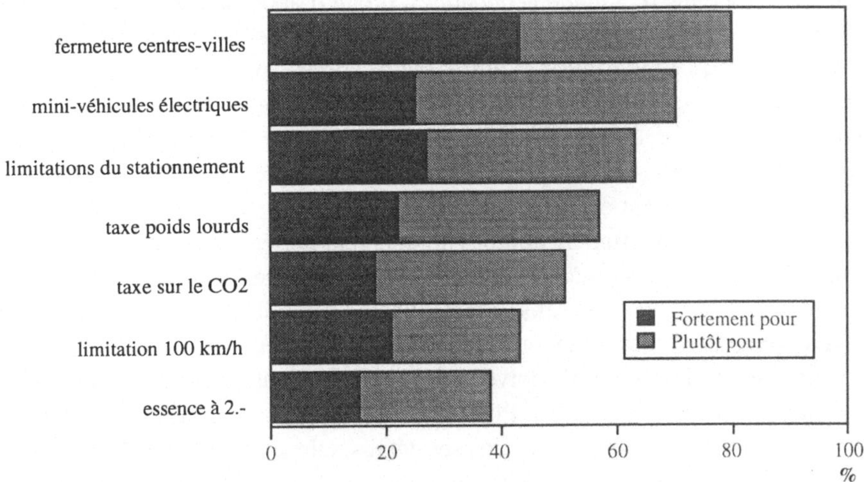

Dans le tableau 2, on constate par ailleurs que les mesures qui nécessitent le moins un changement de comportement sont celles qui sont les mieux acceptées. Plus exactement, les mesures impliquant peu de coûts pour les individus — comme par exemple la promotion des mini-véhicules électriques — suscitent un large consensus alors que, inversement, les mesures occasionnant des coûts élevés suscitent une part importante de scepticisme parmi les personnes interrogées — ceci est le cas notamment de l'augmentation graduelle du prix de l'essence à 2 francs. Ainsi, la rationalité motivant les individus dans leur choix semble être celle de l'*homo economicus,* c'est-à-dire une rationalité se fondant sur l'intérêt personnel.

Cette situation constitue un véritable dilemme pour les autorités suisses. En effet, alors que de nombreux experts (appuyés par les résultats de recherches sociologiques, voir Diekmann et Preisendörfer, 1991; 1992) estiment que les mesures qui rendent les pratiques non-écologiques coûteuses devraient être favorisées, ces résultats montrent que de telles mesures soulèvent une part importante d'opposition et risquent de ce fait d'être refusées en consultation populaire (si ce n'est avant). Pour surmonter ce dilemme, on peut envisager plusieurs solutions, comme par exemple la négociation (voir Ruegg et al., 1992). Cependant, si la négociation est en mesure de résoudre des problèmes lorsqu'il y a un nombre limité d'acteurs, elle est difficilement applicable lorsqu'une mesure (ou une politique) suscite une opposition populaire. C'est pourquoi, dans les pages qui suivent, nous allons poser les bases d'une réflexion sur le rôle de l'information pour résoudre le dilemme de l'*homo economicus.*

Formation et transformation des attitudes

Pour sortir du dilemme de l'*homo economicus*, il faut d'abord accepter que les individus ne sont pas seulement motivés par leur intérêt personnel, c'est-à-dire par un calcul égoïste et matériel, mais qu'ils ont aussi d'autres motivations, fondées par exemple sur des considérations éthiques (Sen, 1987) ou sur des normes sociales (Elster, 1989). Alors que l'*homo economicus* se comporte rationnellement lorsqu'il cherche à maximiser sa fonction d'utilité, nous estimons qu'un acteur peut aussi être considéré comme rationnel lorsque son comportement est basé sur des considérations éthiques ou sur des normes sociales. Ainsi, notre attention ne doit pas uniquement porter sur la fonction d'utilité des individus définie selon des critères économiques, mais sur leurs préférences, prises dans un sens plus large. Dans ce sens, nous faisons l'hypothèse qu'en jouant sur les composantes cognitives des préférences des individus en leur soumettant une information liée aux mesures sur lesquelles ils doivent se prononcer, nous pouvons sortir du dilemme soulevé par l'*homo economicus*. Plus exactement, nous estimons que lorsqu'une personne ne connaît pas une mesure dans ses détails, elle aura tendance à l'évaluer selon ses implications sur sa situation matérielle — ou, en d'autres termes, en procédant à un calcul coûts-bénéfices. En revanche, en informant la personne plus largement, elle dispose d'autres critères qui lui permettent de non seulement évaluer la mesure selon son intérêt personnel et matériel, mais aussi selon des considérations relevant de l'intérêt collectif. Ainsi, l'information permettrait de susciter une évaluation des mesures destinées à limiter les nuisances occasionnées par le trafic privé qui ne releverait pas uniquement de l'*homo economicus,* mais aussi de l'*«homo ecologicus»*.

Le modèle de Fishbein et Ajzen constitue un point de départ stimulant pour comprendre comment l'information intervient sur la formation et la transformation des préférences. Fishbein et Ajzen (Fishbein, 1975; Fishbein et Ajzen, 1980), dans leur théorie de l'action raisonnée, montrent en effet les processus menant à un comportement qui apportent un éclairage intéressant à notre problématique.

Pour résumer, le modèle de l'action raisonnée établit les liens de causalité suivants: (a) le comportement est déterminé par l'intention de réaliser ce comportement; (b) l'intention est déterminée par l'attitude à l'égard du comportement; (c) de même, l'intention est déterminée par l'attitude à l'égard du fait que des personnes de référence considèrent ou non qu'il faille s'engager dans le comportement en question (norme subjective); (d) l'attitude est déterminée par les conséquences perçues de l'action (les croyances quant au comportement) et l'évaluation des conséquences saillantes; et (e) la norme subjective est déterminée par le fait de croire que des personnes de référence considèrent ou non qu'il faille s'engager dans le comportement en question (croyances normatives) et la motivation de se conformer aux personnes de références (figure 1).

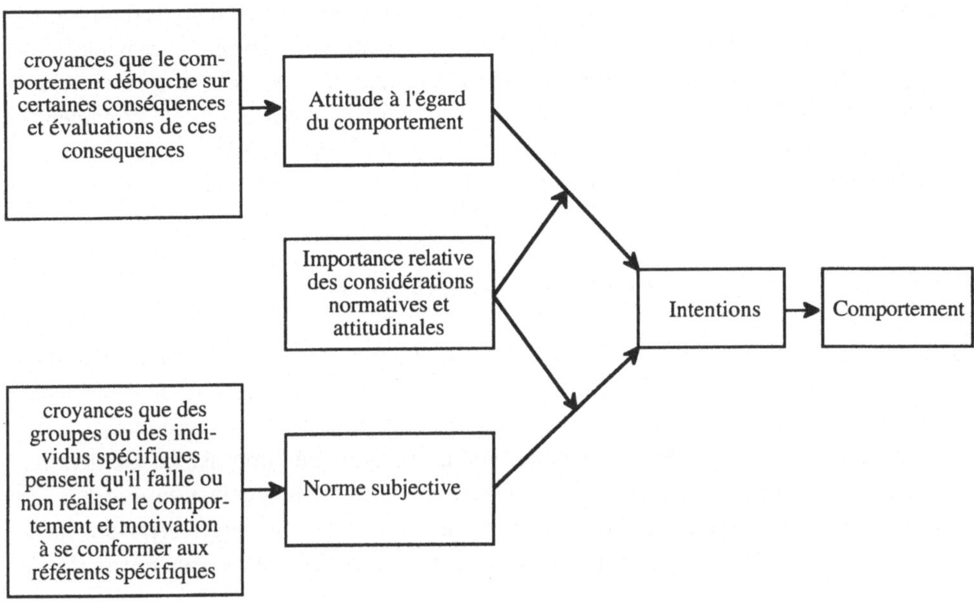

Figure 1. *Facteurs déterminant le comportement d'une personne selon la théorie de l'action raisonnée de Fishbein et Ajzen (Source: Ajzen 1980: figure 1.1, p. 8)*

Si ce modèle explique bien les comportements pour lesquels les individus peuvent se décider librement, il pose cependant un problème lorsqu'il s'applique à des comportements qui requièrent des talents particuliers, des compétences, des opportunités, des ressources et la coopération des autres (Liska, 1984: p. 63). C'est pourquoi, Ajzen (1985) a développé la théorie de l'action planifiée qui permet d'intégrer de tels comportements. Ainsi, l'intention d'avoir un comportement n'est pas seulement déterminée par l'attitude à l'égard de ce comportement et par la norme subjective, mais encore par la perception de contrôle sur le comportement, qui est définie comme la perception par l'individu de la facilité ou de la difficulté de réaliser le comportement. De plus, la perception de contrôle sur le comportement a aussi un impact direct sur le comportement du fait qu'il constitue le reflet du contrôle réel sur le comportement (qui lui est difficile à mesurer).

De nombreuses critiques ont bien sûr été apportées à la théorie de l'action raisonnée (et à la théorie de l'action planifiée), mais il n'est pas de notre dessein de toutes les présenter ici[15]. Ce que nous aimerions relever, c'est l'éclairage que nous apporte cette théorie pour comprendre le rôle de l'information sur la formation et la transformation des attitudes. Sans que Fishbein et Ajzen parlent explicitement de l'information, ils mettent en effet à

15 Pour une revue de ces critiques, voir Eagly et Chaiken (1993).

jour des processus cognitifs nous permettant d'apprécier comment intervient l'information sur les préférences des individus. Plus exactement, pour définir les croyances — à l'origine des attitudes, elles-mêmes à l'origine des intentions et des comportements — Fishbein et Ajzen s'inspirent du modèle de la valeur espérée. Ce modèle considère en effet que l'attitude d'un individu à l'égard d'un objet est déterminée par ses croyances, définies comme la somme des probabilités subjectives que l'objet soit caractérisé par un attribut et des évaluations données à l'attribut:

$$\text{Attitude} = \sum \text{Espérance x Valeur}$$

Dans ce sens, Fishbein et Ajzen définissent les croyances contenues dans leur modèle en multipliant la vraisemblance subjective qu'un comportement découlera sur la conséquence *i* par l'évaluation de la conséquence *i*. Or, pour connaître la conséquence *i* (et la vraisemblance qu'elle ait effectivement lieu) il faut en avoir été informé à un moment ou à un autre et d'une manière ou d'une autre. De même, pour évaluer cette conséquence, des informations sont souhaitables. Ainsi, l'information prise au sens large intervient sur les termes de la multiplication et influence de la sorte la formation et la transformation des attitudes.

Cependant, on peut reprocher au modèle de la valeur espérée sur lequel se fonde la théorie de l'action raisonnée de mettre à jour les processus d'évaluation de manière pour ainsi dire mécanique, sans tenir compte de la réalité. Plus exactement, sous-jacente au modèle de la valeur espérée, repose l'idée que les individus élaborent l'information de manière systématique. Or, des études plus détaillées menées en psychologie cognitive ont montré que les individus agissent de manière adaptative, en fonction des contraintes imposées à la fois par des éléments externes à la situation et par leurs capacités. Selon ces expériences, les individus seraient d'abord des «minimalistes cognitifs», incapables de prendre en considération toutes les conséquences d'une alternative (Eagly et Chaiken, 1993). Ensuite, des recherches menées par Kahneman et al. (1982) ont souligné diverses stratégies heuristiques employées par les individus lors de l'évaluation des alternatives. Enfin, d'autres recherches ont montré le rôle décisif de la source de l'information[16] et l'importance de la façon dont l'information est présentée (Tversky et Kahneman, 1986). Simon, qui a dévolu une large part de ses recherches sur le comportement humain afin de rendre compte du phénomène organisationnel, constate lui aussi de pareilles stratégies adaptatives, ce qui le fait affirmer:

«*The rational person of neoclassical economics always reaches the decision that is objectively, or substantively, best in terms of the given utility function. The rational person of cognitive psychology goes about making his or her decision in a way that is*

---

16 Pour une revue de ces recherches, voir Mac Guire (1969).

procedurally reasonable in the light of the available knowledge and means of computation» (Simon, 1987: p. 27).

Ainsi, à la suite de Simon, on peut affirmer que le comportement des individus est motivé par une rationalité limitée. Plus exactement, les individus sont «limités» par leurs capacités autant physiologiques qu'intellectuelles, par les valeurs et les objectifs qui orientent leurs décisions et, enfin, par l'étendue des connaissances nécessaires pour prendre une décision. Ainsi, bien que le modèle de Fishbein et Ajzen nous offre un point de départ intéressant pour analyser le rôle de l'information, il reste insatisfaisant car il ne permet pas de rendre compte de ces stratégies adaptatives. L'information a un rôle uniforme et aucun élément explicatif n'est avancé pour rendre compte des biais cognitifs. C'est pourquoi, pour compléter ces lacunes, le «modèle heuristique-systématique» *(heuristic-systematic model)* développé par Chaiken et ses collègues (Chaiken, 1980, 1987; Chaiken et al., 1989; Eagly et Chaiken, 1993) nous offre un cadre d'analyse stimulant. S'agissant d'un modèle complexe, nous n'allons pas le présenter dans son entier, mais retenir les points utiles à notre problématique.

Premièrement, Chaiken et ses collègues considèrent que les gens peuvent prendre une décision — ou avoir une attitude — sans forcément évaluer l'information de manière systématique comme le propose le modèle de la valeur espérée. Plus exactement, elles considèrent que si certaines décisions sont prises suite à une évaluation systématique, d'autres sont issues de règles relativement simples, de schémas ou d'heuristiques. Pour cela, elles spécifient deux voies que prendront les individus pour élaborer l'information qui leur est fournie. Si l'élaboration de l'information suit un processus basé sur l'argumentation, elles parlent alors d'élaboration systématique. Si en revanche les individus se concentrent sur une partie de l'information disponible leur permettant d'employer des règles de décision simples ou des heuristiques cognitifs, elles considèrent qu'ils procèdent à une élaboration heuristique de l'information. Qu'un individu suive un processus d'élaboration de l'information systématique ou heuristique dépendra ensuite de sa motivation et de ses capacités. Ainsi, plus un individu a une motivation et une capacité élevées, plus grande est la probabilité qu'il élabore l'information de manière systématique. En revanche, la probabilité qu'il élabore l'information de manière heuristique sera plus importante avec une faible motivation et une capacité réduite. Cependant, bien qu'élaborant l'information de manière systématique, un individu peut être soumis à des biais cognitifs. Par exemple, le fait d'avoir des informations préalables risque de biaiser le processus d'élaboration systématique. De même, le processus d'élaboration systématique peut, dans certains cas, être biaisé par l'élaboration heuristique. Par exemple, si un message est donné par un expert ses arguments risquent d'être considérés de manière plus positive (l'effet heuristique s'additionne à l'effet systématique) que s'il est le fait d'un non-expert. Enfin, lorsque la formation ou le changement d'attitudes fait suite à une élaboration systématique, les attitudes sont plus stables que lorsqu'elles découlent d'une élaboration heuristique.

Deuxièmement, le modèle heuristique-systématique part du principe que les individus sont des minimalistes cognitifs. Ainsi, les individus vont élaborer l'information jusqu'à ce qu'ils atteignent un degré de confiance «suffisant», c'est-à-dire jusqu'à ce qu'ils jugent leur évaluation correcte. Plus exactement, Chaiken et ses collègues définissent des seuils de suffisance *(sufficiency treshold),* qui correspondent au degré de confiance qu'une personne désire atteindre dans un jugement donné ou, en d'autres termes, à la motivation d'exactitude *(accuracy motivation).* Lorsque le niveau de confiance réel est inférieur au seuil de suffisance, les efforts d'élaboration de l'information vont continuer, alors que si le niveau de confiance réel est supérieur au seuil de suffisance, les efforts d'élaboration de l'information cessent. En conséquence, une personne élaborera systématiquement une information lorsque le mode heuristique du moindre effort produit une confiance dans le jugement insuffisante ou — et ceci est évident — lorsque l'élaboration heuristique ne peut pas avoir lieu. De plus, des variables comme l'implication personnelle, l'importance de la tâche, le sens de responsabilité ou le besoin de reconnaissance ont un effet de motivation et augmentent le seuil de suffisance. Plus exactement, ces variables augmentent les efforts d'élaboration — en particulier de l'élaboration systématique — car elles augmentent le degré de confiance qu'une personne désire atteindre dans un jugement donné. Si ces processus sont motivés par le désir d'exactitude d'un jugement donné, Chaiken et ses collègues notent que le seuil de suffisance peut être motivé par d'autres types de désir, comme par exemple le désir de défendre des opinions ou des valeurs *(defense motivation)* ou le désir de respecter des normes sociales *(impression motivation).*

Le modèle heuristique-systématique, bien qu'intégrant des composantes liées à l'interaction sociale, constitue cependant une théorie psychologique qui rend compte de mécanismes cognitifs. Pour notre part, nous nous plaçons dans une perspective sociologique du rôle de l'information et sommes donc intéressés à analyser les rapports entre différentes caractéristiques sociales et la façon dont l'information influence les attitudes. Plus exactement, comment peut-on caractériser socialement les individus dont la motivation ou la capacité sont élevées et qui, de ce fait, risquent d'être plus disposés à élaborer systématiquement une information? De même, qui sont ces individus élaborant l'information de manière heuristique? En conséquence, nous faisons une série d'hypothèses afin de compléter le modèle. En ce qui concerne la capacité, nous nous inspirons d'hypothèses traditionnelles en sociologie et considérons qu'elle est influencée par des facteurs cognitifs. Pour opérationaliser ces facteurs cognitifs, nous estimons que le niveau de formation et l'utilisation des médias sont particulièrement intéressants. De même, s'agissant de mesures politiques, nous pensons que le fait qu'une personne soit intéressée par la politique, ainsi que le fait qu'elle ait eu des expériences politiques par le passé peuvent avoir une influence sur sa capacité. De plus, nous faisons l'hypothèse que l'intérêt pour la politique et l'expérience politique jouent aussi sur la motivation des individus. Ensuite, nous considérons que la motivation peut être liée aux valeurs politiques des individus (mesurées par diverses échelles de valeurs). Enfin, nous estimons que la perception de contrôle qu'ont les individus sur la situation dont il est question influence aussi la motivation (il s'agit ici de la perception de contrôle telle qu'elle a été définie par Ajzen et que l'on peut associer aux contraintes des modèles économistes). Ces hypothèses peuvent être schématisées dans le modèle suivant:

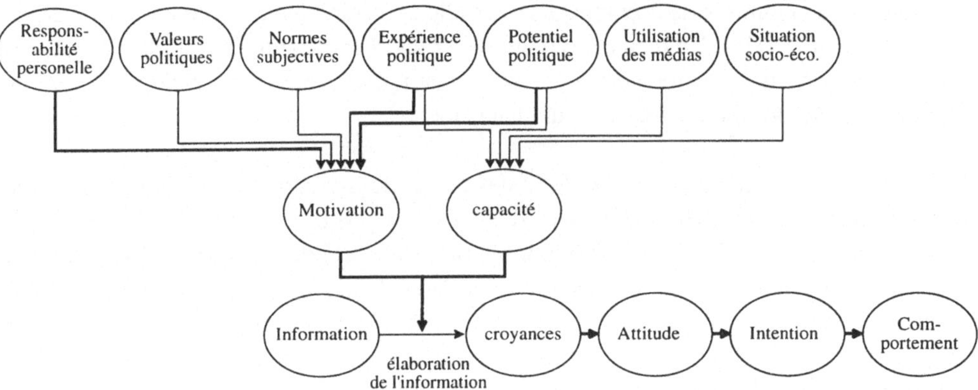

Figure 2. *Le rôle de l'information*

Quel rôle pour l'information? Présentation de la recherche

Pour apprécier le rôle de l'information sur la formation des préférences, nous nous pencherons plus particulièrement sur l'influence d'une *information générale,* transmise aux citoyens et aux citoyennes dans le cadre d'un débat public, et sur le rôle d'une *information ciblée.* En conséquence, nous avons développé trois questionnaires, soumis à un même échantillon représentatif de Suisses et de Suissesses sur une période de six mois environ (figure 3).

Dans un premier questionnaire que nous avons soumis à un échantillon de 2000 personnes, nous avons cherché à avoir une première image des connaissances et attitudes à l'égard de mesures destinées à limiter les nuisances liées au trafic automobile. Cette image, que nous avons présentée dans la première partie de cet article, constitue la base à partir de laquelle nous analysons le rôle de l'information.

Dans un deuxième questionnaire, nous avons interrogé une nouvelle fois la moitié de l'échantillon (n=1000) sur les mesures qui ont été présentées plus haut[17]. Ce deuxième sondage a eu lieu au printemps 1994, quelques mois après que le peuple suisse ait voté sur cinq objets fédéraux liés à la politique des transports — dont l'initiative des Alpes — et que la taxe sur le CO_2 ait été soumise à la procédure de consultation. Ainsi, entre le premier et le second sondage, un large débat public offrant une information générale sur la problématique des transports a eu lieu en Suisse et il est particulièrement intéressant pour notre problématique d'en analyser l'impact sur les attitudes à l'égard des mesures destinées à limiter les nuisances liées au trafic privé. Plus exactement, nous analyserons nos résultats à la lumière de la campagne officielle et médiatique qui a eu lieu à l'occasion des votations fédérales. De même, pour apprécier les changements d'attitude, nous avons intégré une série de questions que nous posons aux personnes ayant changé d'opinion, afin de connaître les motivations de leur changement[18].

Enfin, *dans un troisième questionnaire,* nous demandons aux mêmes 1000 personnes de remplir un *questionnaire de choix.* Il s'agit cette fois-ci d'une expérience plus systématique sur le rôle d'une information ciblée qui a été développée en Hollande par Saris lors du débat sur l'énergie nucléaire (voir Saris et al., 1983; Neijens, 1987). En bref, le questionnaire de choix présente aux personnes interviewées différentes mesures et les conséquences qui y sont liées, mises en évidence par différents experts. Dans ce questionnaire, il n'est pas seulement demandé aux personnes de juger les alternatives (dans notre cas les mesures), mais aussi d'évaluer les conséquences de chaque alternative. Plus exactement, les personnes doivent spécifier, pour toutes les conséquences liées aux mesures que nous avons sélectionnées, si elles considèrent qu'elles constituent un avantage ou un désavantage ou si encore elles les laissent indifférentes. Si elles les laissent indifférentes (c'est-à-dire qu'elles ne constituent ni un avantage, ni un désavantage), la conséquence prend alors la valeur de 0, c'est-à-dire que la personne considère soit que la probabilité d'occurrence de la conséquence est nulle ou que ses effets sont insignifiants. En revanche, si la personne considère que la conséquence constitue un avantage ou un désavantage, on lui demande d'évaluer cette conséquence sur une échelle de magnitude *(magnitude estimation scaling).* Enfin, lorsque toutes les conséquences d'une mesure ont été évaluées, on demande aux personnes d'une part de former un paquet de mesures dans

---

17 Nous avons cependant rajouté deux mesures que nous n'avions pas pu (pour des raisons de temps) intégrer dans l'Umwelt Survey, à savoir la promotion d'améliorations techniques sur les voitures et la promotion du car-pooling. Comme ce sondage a eu lieu après la votation du 20 février 1994, à la suite de laquelle l'idée d'une taxe poids lourds liée aux prestations a été acceptée, nous n'avons pas jugé opportun de garder cette mesure dans notre enquête.

18 Ces interviews sont en effet réalisés sur un support informatique, ce qui nous permet d'intégrer dans la programmation du deuxième questionnaire les réponses lors du premier interview et, lorsque les réponses divergent, d'en demander les raisons.

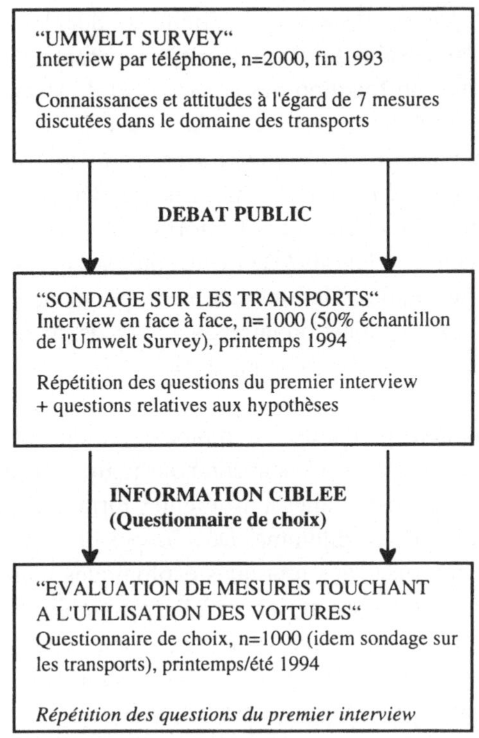

Figure 3. *Trois questionnaires pour analyser le rôle de l'information*

lequel figurent les trois mesures préférées et, d'autre part, de donner une troisième fois leur opinion à l'égard de chacune des mesures.

L'intérêt d'une telle démarche, nous l'avons déjà mentionné, est d'évaluer l'impact d'une information générale et d'une information ciblée sur la formation et la transformation des préférences. Plus exactement, en comparant les réponses données lors des trois questionnaires, nous pouvons apprécier si, suite au fait de donner une information — et donc des critères d'évaluation supplémentaires — les gens évaluent plus favorablement les mesures discutées plus haut. Ainsi, d'*homo economicus,* les individus se transforment-ils en *homo ecologicus?* Pour répondre à une telle question, il ne s'agit pas seulement d'observer les changements d'attitude, mais surtout d'apprécier le rôle de l'information en regard de notre cadre théorique. Plus exactement, en partant du constat du modèle heuristique-systématique affirmant qu'une élaboration systématique occasionne un changement d'opinion plus stable qu'une élaboration heuristique, notre intérêt se portera sur les conditions de l'élaboration systématique. Dans le cadre de l'évaluation du débat public, il nous est difficile de décider si les gens ont élaboré l'information de manière systématique ou heuristique, mais on peut cependant analyser l'impact de l'information en fonction des capacités et de la motivation des personnes interrogées, ce qui nous permet ensuite de faire des déductions sur la stabilité des opinions. Le questionnaire de choix, quant à lui, constitue une expérience visant à favoriser une élaboration systématique de l'information. On peut ainsi se demander si les personnes utilisent cette aide et élaborent l'information de manière systématique ou si elles restent des minimalistes cognitifs? De même, qu'en est-il des personnes qui ont, dès le début de notre expérience, des opinions affirmées: prennent-elles en considération les informations offertes par le questionnaire de choix de manière objective ou leurs jugements sont-ils biaisés par leur opinion préalable?

Autant de questions qui nous permettront d'apprécier le rôle de l'information pour sortir du dilemme de l'*homo economicus*. Cependant, nous pouvons d'ores et déjà affirmer que soumettre les citoyens et les citoyennes à différentes formes d'information ne constitue pas la panacée pour sortir de ce dilemme. Développer plus largement une conscience écologique qui puisse favoriser des pratiques écologiques dans tous les domaines de l'activité humaine occasionnant des nuisances à l'environnement permettrait notamment de résoudre ce dilemme. De même, intervenir sur les contraintes auxquelles sont soumis les individus pour rendre les comportements écologiques moins coûteux — comme par exemple développer un réseau de transports publics dans les régions urbaines et rurales — diminuerait les coûts de mesures telles que la taxe sur le CO_2. Cela étant, offrir des informations aux citoyens et aux citoyennes constitue une voie intéressante pour introduire une politique des transports qui favorise des pratiques écologiques tenant compte de l'intérêt personnel des destinataires de la politique — et qui, en cela, reste réaliste — mais qui soit évaluée par les citoyens et les citoyennes à l'aune de l'intérêt collectif.

Références

Ajzen, I. (1985). From intentions to action: A theory of planned behavior. In: J. Kuhl and J. Beckmann (Eds), *Action Control: From Cognition to Behavior* (pp. 11–39), New York: Springer Verlag.

Ajzen, I. and Fishbein, M. (1980). *Understanding Attitudes and Predicting Social Behavior*. Englewood-Cliffs: Prentice-Hall.

App, R. (1987). Initiative und ihre Wirkung auf Bundesebene seit 1974, *Annuaire suisse de science politique, 27,* 189–206.

Chaiken, S. (1980). Heuristic versus systematic information processing and the use of source versus message cues in persuasion. *Journal of Personality and Social Psychology, 39,* 752–766.

Chaiken, S. (1987). The heuristic model of persuasion. In: M. P. Zanna, J. M. Olson and C. P. Herman (Eds), *Social Influence: The Ontario Symposium* (pp. 3–39), Hillsdale, NJ: Erlbaum.

Chaiken, S., Liberman, A. and Eagly, A. H. (1989). Heuristic and systematic processing within and beyond the persuasion context. In: J. S. Uleman and J. A. Bargh (Eds), *Unintended Thoughts* (pp. 212–252). New York: Guilford Press.

Diekmann, A. und Preisendörfer, P. (1991). Umweltbewusstsein, ökonomische Anreize und Umweltverhalten. *Revue suisse de sociologie, (2),* 207–231.

Diekmann, A. und Preisendörfer, P. (1992). Persönliches Umweltverhalten. Diskrepanz zwischen Anspruch und Wirklichkeit. *Kölner Zeitschrift für Soziologie und Sozialpsychologie, 44(2),* 226–251.

Eagly, A. H. and Chaiken, S. (1993). *The Psychology of Attitudes.* New York: Harcourt Brace Jovanovich College Publishers.

Elster, J., (1989). *The Cement of Society. A Study of Social Order.* Cambridge: Cambridge University Press.

Fishbein, M. (1980). A theory of reasoned action: Some applications and implications. In: H. E. Howe, Jr. and M. M. Page (Eds), *Nebraska Symposium on Motivation, 1979* (pp. 65–116), Lincoln: University of Nebraska Press.

Fishbein, M. and Ajzen, I. (1975). *Belief, Attitude, Intention and Behavior. An Introduction to Theory and Research.* Reading Massachussetts: Addison-Wesley.

Giugni, M. G. et Kriesi, H. (1990). Nouveaux mouvements sociaux dans les années '80: Evolution et perspectives. *Annuaire suisse de science politique, 30,* 79–100.

Kahneman, D., Slovic, P. and Tversky, A. (1982). *Judgement Under Uncertainty: Heuristics and Biases.* Cambridge: Cambridge University Press.

Knoepfel, P. (1986). *Univox: Umwelt.* GfS-Forschungsinstitut/IDHEAP.

Kriesi, H., Lévy, R., Ganguillet, G. and Zwicky, H. (1981). *Politische Aktivierung in der Schweiz.* Diessenhofen: Rüegger.

Liska, A. E. (1984). A critical examination of the causal structure of the Fishbein/Ajzen attitude-behavior model. *Social Psychology Quarterly, 47,* 61–74.

Lowe, P. D. and Rüdig, W. (1986). Political ecology and the social sciences. The state of the art. *British Journal of Political Science, 16,* 513–550.

Mac Guire, W. J. (1969). The nature of attitudes and attitude change. In: G. Lindzey and E. Aronson (Eds), *Handbook of Social Psychology* (pp. 136–314). Reading, MA: Addison-Wesley.

Moser, C. (1987). Erfolge kantonaler Volksinitiativen nach formalen und inhaltlichen Gesichtpunkten. *Annuaire suisse de science politique, 27,* 159–188.

Neijens, P. (1987). *The Choice Questionnaire. Design and Evaluation of an Instrument for Collecting Informed Opinions of a Population.* Amsterdam: Free University Press.

Ruegg, J., Mettan, N. et Vodoz, L. (1992). *La négociation. Son rôle, sa place dans l'aménagement du territoire et la protection de l'environnement.* Lausanne: Presses Polytechniques et Universitaires Romandes.

Saris, W., Neijens, P. and de Ridder, J. A. (1983). *Kernenergie: ja of nee?,* Amsterdam: SSO.

Sen, A. (1987). *On Ethics and Economics.* New York: Blackwell.

Simon, H. A. (1987). Rationality in psychology and economics. In: R. M. Hogarth and M. W. Reder (Eds), *Rational Choice. The Contrast Between Economics and Psychology* (pp. 25–40). Chicago/London: The University of Chicago Press.

Tversky, A. and Kahneman, D. (1986). Rational choice and the framing of decisions. In: R. M. Hogarth and M. W. Reder (Eds), *Rational Choice. The Contrast Between Economics and Psychology* (pp. 67–94). Chicago: The University of Chicago Press.

Ökologie und Kulturwandel: Wort, Bild, Wert und Glaube als Vermittler zwischen Individuen und Gesellschaft

Ursula Brechbühl[1], David Krieger[2], Walter Lesch[3], Lucienne Rey[1] und Christian Thomas[4]
[1] Geographisches Institut, Universität Bern
[2] Institut für Kommunikationsforschung, Meggen
[3] Moraltheologisches Institut, Universität Fribourg
[4] Büro für ökologische Kommunikation, Zürich

The ecological crisis is not only a crisis of nature, but also a crisis of culture. Environmental problems do not arise by themselves, but are caused by a certain form of culture, that is, by a culturally determined interpretation of nature and of the relationship between human society and the natural world. For this reason the science of ecology must also concern itself with culture. Ecology, therefore, is not merely a concern of the natural sciences, but also a concern of the cultural sciences.
In so far as the ecological crisis has been produced by a certain form of culture, the solution to the crisis will lie in cultural change. Culture may be defined as the totality of forms of communicative action that are at any time available to individuals or groups. Analyzing communication we distinguish media such as language and visual images, realms of discourse, such as morals, religion, politics, art, law, economics, etc., and themes such as nature or environmental problems. The task of a cultural ecology will therefore lie in the historical and functional analysis of forms of communication with the purpose of determining why society as a whole and social subsystems do not respond to environmental problems quickly and effectively and what can be done so that a heightened awareness of problems and a more effective cultural flexibility in response to problems may be attained. The cultural sciences can thus help to solve ecological problems by making society more flexible and more responsive to the increasing information and transformation arising from technology and industry. Cultural transformation in the direction of an "ecological society" will therefore lie in the increasing ability to react decisively to concrete problems with the largest possible repertoire of alternatives. This requires knowledge of those factors that limit or block communication as well as concrete proposals for widening the possibilities for information processing and decision making.
With regard to forms of discourse, religious discourse has the function to create a life-world horizon of meaning and value within which moral discourse can work out specific norms for concrete situations. These forms of discourse make use of linguistic as well as visual media. The four studies united in this article are therefore steps toward a cultural ecology.

Kultur und Kommunikation

Wenn wir uns zum Ziel setzen, das ökologische Handeln, seine Motive und seine Hemmnisse besser kennenzulernen, kann die Betrachtungsweise bei der Psyche der einzelnen Menschen ansetzen, indem davon ausgegangen wird, dass die Motivationen für Handlungen durch Veränderungen des Wissens und der Emotionen beeinflusst werden können (z. B. über pädagogische Massnahmen). Es wird indessen auch von einem Ansatz ausgegangen, der sich primär mit dem Umfeld der Menschen, mit ihrer Kultur und ihrem «Zeitgeist» befasst. So verfahren die Kulturwissenschaftler (Historiker, Semiotiker, Kunsthistoriker, Philosophen usw.). Das heisst nicht, dass damit der eine Ansatz den andern negiert, vielmehr findet eine ständige Interaktion zwischen den beiden Sichtweisen statt. Da jedoch eine Untersuchung einen klaren Standpunkt einnehmen muss, möchten wir im folgenden Beitrag die Kultur, also die gesellschaftliche Kommunikation, in den Vordergrund stellen.

Kultur verstehen wir dabei als Gesamtheit der Kommunikationsformen, das heisst als die Totalität der Medien, Diskursformen und Themen, die einem Individuum oder einer Gruppe jeweils zur Verfügung stehen. Kultur ist somit

1. ein Aggregat von Elementen, die je für sich analysiert werden können;
2. eine systemische Ganzheit, welche die Elemente und ihre Interdependenzen bestimmt, und
3. eine semantische Organisation, die von Sinn konstituiert ist.

Kultur ist dabei nicht als statische Ganzheit zu verstehen; vielmehr wandelt sie sich im Laufe der Zeit und in Abhängigkeit von ihrer Umwelt. Vor diesem Hintergrund konzipieren wir Kulturwandel als zugleich quantitative wie auch qualitative Transformation von Kommunikationsformen. Diese Transformation kann sich also sowohl in einer quantitativen Zunahme an verschiedenen Möglichkeiten der Kommunikationsmedien manifestieren (man denke hier an die Veränderungen, welche die gesellschaftliche Kommunikation durch audiovisuelle Medien erfahren hat) als auch im Auftreten neuer Diskussionsthemen und Diskursformen zum Ausdruck kommen.

Aspekte des Kulturwandels

Wenn wir die kulturelle Entwicklung, die letztlich zu einem der natürlichen Umwelt angemessenen Handeln führen muss, näher kennenlernen wollen, so müssen wir uns auf einzelne Aspekte der Kultur einlassen. Hierbei scheint es uns hilfreich, zwischen Kommunikationsmedien und Diskursformen zu unterscheiden.

Medien umfassen dabei die materiellen Träger der Kommunikation, die auch unabhängig von ihrem Sinngehalt allein akustisch und/oder visuell wahrgenommen werden können. Massgeblich für unser Projektteam sind hier Wort und Bild.

Die Diskursformen hingegen lassen sich nicht vom Sinngehalt abstrahiert betrachten. Sie beziehen sich auf einzelne gesellschaftliche Subsysteme; so kann man religiöse von moralischen und diese wiederum von politischen, rechtlichen, wissenschaftlichen und anderen Diskursformen unterscheiden. Für das Projektteam «Kulturwandel» kommt vorläufig insbesondere dem religiösen und dem moralischen Diskurs entscheidende Bedeutung zu: Während nach einer funktionalen Definition die Aufgabe des religiösen Diskurses darin besteht, einen Konsens über die zentralen Werte einer Gemeinschaft herzustellen und damit gewissermassen eine Weltanschauung zu schaffen, kommt der Ethik die Aufgabe zu, eine Verständigung über Handlungsnormen zu erreichen.

In den Untersuchungen des Projektteams «Kulturwandel» verschränken sich also zwei Dimensionen: Einerseits lassen sich Kommunikationsmedien (in unserem Fall: Wort und Bild) und Diskursformen (Glaube und Wert) als je voneinander unabhängige Entitäten analysieren; andererseits beruhen die Diskursformen Glaube und Wert auf den Kommunikationsmedien Wort und Bild, während die Kommunikationsmedien ihrerseits über die verschiedenen Diskursformen aktiviert werden.

Religiöser Diskurs als Basis der ökologischen Kommunikation

Die Funktion von religiösem Diskurs besteht darin, Kriterien von Sinn, Wahrheit und Wirklichkeit geltend zu machen. Dabei spielen grundlegende Überzeugungen über die Natur des Menschen, die Ordnung der Welt und die höchsten Werte, die menschliches Handeln leiten, eine wichtige Rolle. Unter den verschiedenen Diskursformen, die gesellschaftliche Kommunikation konstituieren, hat der religiöse Diskurs die Aufgabe, einen weltanschaulichen Wertkonsens zu schaffen. Religiöse Kommunikation schafft somit eine Bedingung für jede Art von Konsensfindung in den anderen Diskursformen oder in den anderen gesellschaftlichen Subsystemen wie Politik, Recht, Erziehung, Wirtschaft usw.

Religion in diesem sehr breit gefassten, funktionalen Sinn stellt aber nicht nur eine Möglichkeitsbedingung, sondern auch eine Beschränkung gesellschaftlicher Kommunikation dar. Denn jede Religion vermittelt eine bestimmte Auffassung von Gott, Welt und Mensch, die in gewissen Hinsichten einseitig und begrenzt ist. Religionsphänomenologisch betrachtet, lassen sich mindestens drei allgemeine Typen der Gott-Welt-Mensch-Beziehung identifizieren: das Gottesgehorsamkeits-Modell des Christentums, Judentums und Islams (vgl. Jäggi, 1993), das Alleinheits-Modell der Religionen des

Ostens (vgl. Krieger, 1994) und das Lebensgemeinschafts-Modell der Stammesreligionen (vgl. Jäggi, 1994):

1. Gottesgehorsamkeits-Modell:

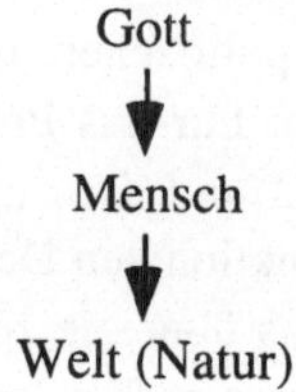

2. Lebensgemeinschafts-Modell:

3. Alleinheits-Modell:

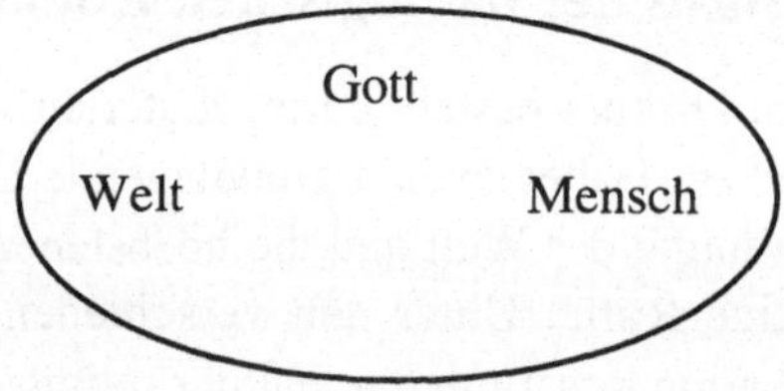

Jede Religion ist insofern einseitig, als sie andere mögliche Gott-Welt-Mensch-Beziehungen ausschliesst. Wenn es darum geht, den Wertkonsens in einer Gesellschaft zu erweitern und damit die Gesellschaft für alternative Existenz- und Handlungsmöglichkeiten zu öffnen, dann setzen die Einseitigkeiten der jeweilig dominierenden religiösen Weltanschauungen Kommunikationsgrenzen, die unökologische Folgen haben.

Es ist z. B. eine bekannte, obwohl nicht unumstrittene These der Kulturgeschichte (vgl. Whyte, 1967), dass jüdisch-christliche Inhalte zu den historischen Wurzeln der Ökologiekrise gehören. Die Idee, dass Gott die Welt aus dem Nichts geschaffen habe und dass Gott transzendent über die Welt und fern von der Natur stehe, führte dazu, die natürliche

Umwelt zu entheiligen. Die Idee, dass der Mensch die Krone der Schöpfung sei und das Ebenbild Gottes darstelle, führte dazu, die Ausbeutung der Natur zu legitimieren. Das jüdisch-christliche Geschichtsverständnis führte zu einer Fortschritts- und Technologiegläubigkeit. Und schliesslich entwertete die Idee der endzeitlichen Weltvernichtung und die Einsetzung eines himmlischen Gottesreiches die nichtmenschliche Natur im ganzen.

Innerhalb der Gesellschaft, die von solchen Glaubensinhalten erschlossen wird, fehlt fast jede Möglichkeit, die Sakralität der Natur, die Immanenz des Göttlichen und den inhärenten Wert der nichtmenschlichen Natur in einer konsensfähigen Art und Weise zu thematisieren. Solche Ideen und Werte werden als abergläubisch oder als irrational abgetan. Moralische, politische, rechtliche oder andere Diskurse, die auf dem bestehenden Wertkonsens in einer Gesellschaft bauen, werden fast keine Chance haben, die alternativen Handlungsweisen, die auf solchen Werten begründet werden, in Betracht zu ziehen. Natürlich gibt es entsprechende Gefahren der Einseitigkeit in allen Religionen und nicht nur in der jüdisch-christlichen. Eine Auffassung von der Natur als Leib Gottes, über den die Menschen keine Verfügungskompetenz haben, macht es schwierig, einen Konsens für eine Entwicklung zu mobilisieren, welche die Natur entsprechend wirtschaftlichen Interessen ausbeutet.

Das Einschränken der Möglichkeiten gesellschaftlicher Kommunikation durch religiösen Diskurs stellt also an sich ein «kulturökologisches» Problem dar. Demokratische Entscheidungsprozesse werden fast zwangsläufig darin gehindert, gewisse Handlungsmöglichkeiten und alternative Lebensformen in Betracht zu ziehen. Demgegenüber würde ökologische Kommunikation im Bereich von religiösem Diskurs darin bestehen, alternative Auffassungen von Gott, Welt und Mensch in die Vermittlung kultureller Information einfliessen zu lassen und somit den Spielraum möglicher konsensfähiger Handlungen zu erweitern. Die verschiedenen Grundmodelle religiöser Welterschliessung könnten durch eine solche «Religionsökologie» (vgl. Krieger, 1993) einen hermeneutischen Schüssel in die Hand geben, um gegenseitige Befruchtung und Korrektur unter den Religionen zu erlauben. Dies würde dazu dienen, der heutigen globalen «Weltgesellschaft» einen Wertkonsens in bezug auf Umweltprobleme zu geben.

Die unvermeidliche Ökologisierung der Moral

Die drohende Vernichtung der natürlichen Lebensgrundlagen hat zu einem tiefgreifenden Wandel moralischer Plausibilitäten geführt. Wo einst individuelle Freiheit als oberster Leitwert der Moderne galt, finden jetzt Imperative Gehör, die im Überlebensinteresse der Menschheit zum schonenden und bewahrenden Umgang mit der Natur aufrufen. So deutet der oft verwendete Begriff «Wegwerfmentalität» auf eine gesellschaftliche Ächtung des unkritischen Konsumierens. Dementsprechend können wir heute zwei gegenläufige

Trends feststellen: auf der einen Seite den Trend zur Individualisierung und zur Verteidigung subjektiver Freiräume, auf der anderen Seite die Bewegung hin zu mehr Lebensqualität durch Konsumverzicht (Hillmann, 1989). Ulrich Beck hat die fortschreitende «Ökologisierung» gesellschaftlicher Kommunikation nicht ohne Ironie, aber sehr treffend als «moralischen Jungbrunnen» bezeichnet, aus dem die Impulse zu einer neuen Wirtschaft, Politik und Kultur stammen (Beck, 1993: S. 24 ff.).

«*Der ökologischen Moral, dem ökologischen Konfliktthema könnte gelingen, was das Christentum immer angestrebt und verfehlt hat: alle Feinde und Konkurrenzreligionen, die miteinander um Einflusssphären ringen, zu schlucken, zu bekehren und darin sogar auch noch die nicht Geborenen, die zukünftigen Generationen mit einzuschliessen. Nur die Toten, die allerdings fallen heraus. Ansonsten gibt es — die Moralmöglichkeiten des Ökologiethemas zu Ende gedacht — kein, wirklich kein Entrinnen.*» (Beck, 1993: S. 147)

Freilich wissen wir inzwischen, dass die im Angesicht der möglichen Katastrophe erhoffte Eindeutigkeit rettender Handlungsorientierungen ausgeblieben ist. Der Wandel gesellschaftlicher Wertvorstellungen kommt nur langsam voran: mit vielen Rückschlägen und auf Umwegen. Es ist leicht, theoretisch den absoluten Vorrang einer gesunden Umwelt vor anderen Zielen der Politik zu verlangen. Daraus folgt aber nicht zwingend, dass wir uns das, was wir als wertvoll betrachten, auch wirklich etwas kosten lassen wollen. Werte fallen nicht vom Himmel; sie sind Interpretationskonstrukte, die an der Schnittstelle individueller Präferenzen und systemischer Zwänge entstehen und den vielfältigen Einflüssen gesellschaftlicher Kommunikation ausgesetzt sind (Massenmedien, Werbung, Moden). Folglich ist weder der individualistische Rückzug in eine ideale Privatwelt noch die Erpressung eines neuen Gemeinsinns ein geeigneter Weg, langfristig zu einem Bewusstseinswandel beizutragen, denn ein solcher Wandel kann nicht von der übrigen Kulturentwicklung isoliert nur auf der moralischen Ebene erfolgen. Wir werden uns daran gewöhnen müssen, Moral und Politik komplizierter zu denken und Phantasie für die Verbreitung von neuen Werten zu entwickeln (vgl. Lesch, 1994).

Moralische Wertungen sind keine exklusive Domäne der ethischen Reflexion. Sie sind in den verschiedensten gesellschaftlichen Subsystemen immer schon vorhanden und wirksam. Entgegen immer noch anzutreffenden Annahmen ist beispielsweise auch die Ökonomie kein moralfreies System, das ausschliesslich nach seiner eigenen monetären Logik funktionieren würde. Die Erfahrungen der Umweltschutzbewegung haben gezeigt, dass wirtschaftliche und technische Abläufe in ihrer vermeintlichen Rationalität durchaus störanfällig sind, wenn risikoreiche Produkte auf dem freien Markt keine Chance mehr haben. So haben Tschernobyl und Schweizerhalle die Langzeitperspektiven für Kernenergie und Hochrisikochemie nachhaltig verändert, und zwar nicht nur, weil erkannt worden ist, dass der technische Sicherheitsaufwand unterschätzt wurde, sondern auch weil scheinbar saubere Technologie ihre Unschuld verloren hat und weil damit die rücksichtslose Logik eines ungebremsten Fortschritts ins Wanken gekommen ist. Marketingstrategen bedienen sich heute der Appelle an die moralische und ökologische Verantwortung, um von der einwandfreien Qualität von Waschmaschinen, Autos, Reinigungsmitteln usw. zu überzeugen. Dass dieser Rekurs auf die Moral ökologischer Saubermänner auch zum billigen Werbetrick verkommen kann, ist keine Frage. Aber dies spricht nicht gegen die grundsätzliche Möglichkeit der Durchsetzung eines neuen Wertebewusstseins.

Ähnliches gilt für die Umgestaltung der Politik durch die Forderungen neuer sozialer Bewegungen: Ökologie-, Friedens- und Frauenbewegung sind nicht aus dem Inneren politischer Willensbildung, sondern an den Rändern des Systems entstanden. Solche Bewegungen werden in abgeschwächter Form vom «System» immer wieder teilweise integriert. Der verzweifelte Aufschrei von Ohnmächtigen kann in einer offenen Gesellschaft zu einer graduellen Veränderung unserer moralischen Kategorien führen. So haben die jahrzehntelangen Aktivitäten der Frauenbewegung dazu geführt, dass jetzt auch aus den bürgerlichen Parteien Frauen in Exekutivämter gewählt werden können.

Auf der Ebene des individuellen Lebensstiles finden wir einen analogen Mechanismus: Die argumentative Verteidigung abweichender Positionen setzt die Existenz alternativer Lebensformen voraus, mit deren Verwirklichung wir ja gerade nicht warten müssen, bis sie gesamtgesellschaftlich ratifiziert werden. Neue Werthaltungen gewinnen ihre Überzeugungskraft in solidarischen Gemeinschaften und können nicht von oben dekretiert werden. Sie entstehen als alternative kulturelle Praktiken mit neuen Wohn-, Konsum- und Essgewohnheiten (Eder, 1988) und werden vielleicht einmal ihren avantgardistischen Charakter verlieren, weil sie als überzeugende Lebensstile eine grössere Verbreitung finden. So ist beispielsweise der biologische Landbau von den Anthroposophen jahrzehntelang ohne öffentliche Anerkennung oder Unterstützung gepflegt worden, langsam gewinnt er aber heute immer breitere Wertschätzung.

Die Ethik als Reflexionstheorie gesellschaftlicher Moralvorstellungen beschäftigt sich mit solchen Prozessen des Strukturwandels von Werten und Normen und untersucht die Genese und Begründung alter und neuer Orientierungsmuster. Im Falle der ökologischen Herausforderung wird sie sinnvollerweise der Versuchung widerstehen, die Unabweisbarkeit der Krise zur Verdeckung eines argumentativen Defizits zu missbrauchen. Sittliches Handeln setzt freien Willen und Einsicht in die Sachverhalte voraus und kann deshalb nicht durch gesellschaftlichen Zwang ersetzt werden. Die Einsicht in die Werthaftigkeit eines schonenden Umgangs mit der Natur kann durch ökonomische Lenkungsinstrumente allein nicht erreicht werden. Damit ist aber nicht gesagt, dass ökologisches Verhalten nicht auch über Preismechanismen zu induzieren sei, doch die Hürde der Einführung von Instrumenten wie Ökobonus oder CO_2-Steuern kann im politischen Diskurs nur genommen werden, indem auch moralische Argumente in die Waagschale geworfen werden. Dabei ist es wichtig, kreativ Wege der Zivilisationsentwicklung aufzuzeigen, welche einer möglichst breiten Bevölkerung eine positive Lebensperspektive ermöglichen und sich nicht im Antagonismus Profit versus Moral erschöpfen.

Naturdarstellungen in der sprachlichen Vermittlung

Welche Rolle spielt die Sprache bei der Konstituierung von Welt- und somit von Naturvorstellungen? Wilhelm von Humboldt darf als erster gelten, der die Hypothese der «sprachlich vermittelten Weltansicht» vertreten hat, womit der Grundstein für die viel diskutierten Begriffe der «sprachlichen Relativität» und des «sprachlichen Determinismus» gelegt wurde. Dabei geht es um die Idee, dass das Individuum nur in jenen Kategorien denken kann, die ihm die jeweilige Sprachgemeinschaft zur Verfügung stellt.

Sprache stellt jedoch nicht nur die grundlegenden Kategorien bereit, die es dem einzelnen erlauben, eine Vielfalt an Sinneseindrücken zu ordnen, sie hat gleichzeitig eine soziale Funktion: Die Sprache erlaubt es dem Individuum, sich anderen mitzuteilen. Eine funktionierende Kommunikation ist also sowohl Voraussetzung als auch Indiz für die Bildung einer bestimmten Gesellschaft.

Dieser wechselseitige Prozess, in dem die Sprache einerseits grundlegende Denkkategorien vorgibt, andererseits aber laufend am soziokulturellen Wandel beteiligt ist, bietet unseres Erachtens einen geeigneten Ansatzpunkt in der Auseinandersetzung mit der humanökologischen «Schnittstelle» zwischen Individuum, Gesellschaft und Umwelt: Denn in der Sprache, im Sprechen über die Natur, werden nicht nur Gefühle und Wertvorstellungen zum Ausdruck gebracht, sondern auch Informationen über kognitive Kategorien vermittelt.

Dabei darf die Sprache jedoch keinesfalls als hermetische und statische Struktur verstanden werden: Vielmehr ändert sie sich im Laufe der Zeit, passt sich als adäquates Ausdrucksmittel subtil allen Bedingungen der Gesellschaft an und widerspiegelt somit soziokulturelle Neuerungen unterschiedlichster Art.

An einer Textpassage sollen nun einige Aspekte beispielhaft illustriert werden, welchen wir in unserer Auseinandersetzung mit der sprachlichen Kommunikation von «Natur» nachgehen; als Beispiel dienen Auszüge aus einem Text aus dem «Journal de Genève» des Jahres 1904, welcher der Genfer Öffentlichkeit einen botanischen Garten im Äusseren Orient vorstellt:

«(...) Ces arbres sont tous numérotés et plantés sur des pelouses numérotées elles-mêmes; dans certaines parties du jardin, les arbres sont si serrés qu'on se croirait en forêt, et que l'ombre et la fraîcheur y sont délicieuses au milieu du jour. Çà et là un banc

ou un petit kiosque invitent au repos ou à la méditation, et le chant des oiseaux trouble seul le silence, car l'entrée du jardin est défendu aux indigènes qui n'y sont pas employés; une seule avenue est réservée aux voitures. (...) Comme avenue, c'est ce que j'ai vu de plus beau jusqu'ici, et les ‹Chênes séculaires› des châteaux historiques de la vieille Europe sont terriblement mesquins à côté de cette théorie de géants. (...) En contre-bas sont plusieurs étangs, étoilés de nénuphars bleus et jaunes ou de Nélumbo roses. La vue s'étend au loin jusqu'au torrent, le Tjiliwoung, dont les eaux d'un jaune d'ocre bruissent sur les pierres noires et rondes qu'il a roulées au bas du volcan où il prend sa source. (...) Descendons maintenant sur la pente de la petite falaise, et, après avoir traversé le quartier des végétaux aquatiques, passons le pont du Tjiliwoung. Nous nous trouvons au milieu des plantations plus récentes. (...)»

Folgende Merkmale scheinen uns für diesen Zeitabschnitt des frühen zwanzigsten Jahrhunderts bezeichnend zu sein:

- In erster Linie eine unbedingte Wissenschaftsgläubigkeit, die sich daran ablesen lässt, dass immer wieder auf die Systematik der Gartenanlage hingewiesen wird (alles ist «numéroté», durchnumeriert) und dass die lateinischen Bezeichnungen der Gewächse ohne weitere Erläuterungen übernommen werden.

- Des weiteren wird versucht, das Fremde mit dem Verweis auf Altbekanntes in der Heimat anschaulich darzustellen: Neben den tropischen Baumriesen sehen die Eichen des alten Europas eben «mésquins», schäbig, aus.

- Zudem fällt das «Farbige» der Beschreibung auf: Abgesehen von der Farbe der Blütenblätter wird auch das Ockergelb des Flusses über den runden schwarzen Kieseln erwähnt. Der Leser wird unmittelbar ins Geschehen miteinbezogen, er wird gleichsam aufgefordert, den Schreiber auf seinem Rundgang durch das Beschriebene, durch die «Natur», zu begleiten («descendons maintenant... nous trouvons...»).

- Schliesslich liefert dieses Textbeispiel interessante Hinweise auf gewisse in der damaligen Zeit verbreitete Werthaltungen: «Die Stille des Waldes wird einzig durch den Gesang der Vögel gestört, **denn** den Eingeborenen, welche hier nicht angestellt sind, ist der Zugang zum Garten untersagt; bloss ein einziger Zufahrtsweg steht dem Wagenverkehr offen»! Im kolonialistischen Verständnis der damaligen Zeit dürfte sich kaum jemand daran gestossen haben, dass (störende) Tiere und Eingeborene in einem Atemzug genannt wurden, während es aus heutiger Sicht zumindest erstaunlich ist, dass der Vogelgesang als «troublant», störend (konnotiert mit «betörend»), geschildert wird; ob diese Beschreibung darauf zurückzuführen ist, dass sich der europäische Schreiber nur schlecht an die Rufe tropischer Vögel gewöhnen konnte, muss hier offen bleiben.

Der Text deckt damit zwei Dimensionen unserer Erhebung ab: zum einen die Frage nach den **wichtigsten Informationsquellen**, welche Wissen über Natur hervorbringen und verbreiten. Im vorliegenden Beispiel ist es die Wissenschaft; in anderen Fällen sind es Behörden, Vereine, Privatpersonen, oder andere Zeitungen, welche Informationen zu «Natur» liefern. Wir haben Grund zur Annahme, dass sich die hauptsächlichen Informationsquellen, die Wissen über Natur hervorbringen und verbreiten, im Laufe der Zeit und in Abhängigkeit der vorherrschenden soziokulturellen und wirtschaftlichen Rahmenbedingungen bereits innerhalb des relativ engen Zeithorizontes der letzten 90 Jahre stark geändert haben.

Wenn wir zum anderen den vorliegenden Text mit Zeitungsmeldungen der Gegenwart vergleichen, führt uns dies zur Vermutung, dass sich **wissenschaftlich-technische Neuerungen** so gut (direkt) auf die Rezeption der natürlichen Umwelt wie auch (indirekt) auf die Kommunikation dieser Rezeption auswirken. Heutzutage können Texte durch (auch in der Tagespresse zunehmend farbiges) Bildmaterial ergänzt werden, so dass eine sprachlich «farbige» Schilderung weitgehend überflüssig wird. Dass breite Bevölkerungskreise in den audiovisuellen Medien mit «anschaulichen» Naturerfahrungen der unterschiedlichsten Art — von der Computerdarstellung des HIV-Virus bis hin zum Film über die afrikanische Serengeti — bedient werden, entlastet zwar die verbale Information der Printmedien, welche fallweise auf die ergänzenden Kommunikationsträger verweisen können — es trägt aber möglicherweise auch zu deren Verarmung bei, indem sich durch den Verweis auf das Bild eine detaillierte sprachliche Beschreibung erübrigt.

Die Frage nach Sprache, kultureller Identität und gesellschaftlich bedingten Welt- und Wertvorstellungen gestaltet sich gerade im «Sonderfall Schweiz» durch den Vergleich der drei «grossen» Sprachgemeinschaften ganz besonders spannend. Die verschiedenen Sprachgemeinschaften beeinflussen sich gegenseitig, und über den terminologischen Transfer neuer (Fach)begriffe liesse sich allenfalls ermitteln, auf welchem Weg technisch-wissenschaftliche und kulturelle Neuerungen von der einen in die andere Sprachgemeinschaft diffundiert sind. So hoffen wir, Aufschluss über die «ökologischen Trendsetter» und ihren Einfluss auf den Schweizer Umweltdisput zu gewinnen.

Bilder in der ökologischen Kommunikation

Es ist nichts Neues, dass Bilder eingesetzt werden, um die Menschen zu einem bestimmten, von einem «sozialen System» oder von einer Institution vorgezeichneten Handlungsmuster anzuhalten. Das Bild ist dazu besonders geeignet, weil es im gleichen Augenblick die kognitive und die emotionale Komponente einer Mitteilung auszudrücken vermag. Die europäische Kulturgeschichte ist geprägt von den Bildern, welche die Kirchen an die Gläubigen vermittelt haben, um sie — verkürzt ausgedrückt — zu einem «besseren» Handeln anzuhalten. Es ist kein Zufall, dass Auseinandersetzungen um weltanschauliche Inhalte seit der biblischen Geschichte des Goldenen Kalbes immer wieder zu handfesten Auseinandersetzungen um Bilder und zu Bilderstürmen geführt haben, denn der Mensch nimmt allzu leicht an, dass das, was er sich aufgrund eines Bildes in seinem Inneren vorstellt, auch einer äusseren Realität entspreche. Das gilt auch für Auffassungen von Natur und Ökologie (Thomas, 1994).

Die Wirkungsweise des Bildes ist sehr vielfältig und kann nur ganzheitlich, nicht aber kausal-analytisch erfasst werden, weil die Komplexität der Wirkung höchstens statistisch erfasst werden kann, wie dies bei der Erfolgskontrolle von Werbung geschieht. Die Wirkung eines Einzelbildes kann auf verschiedenen Ebenen — etwa der ästhetischen und der symbolischen — sehr unterschiedlich, ja konträr sein. Das Bild hat Langzeitwirkungen, die sich womöglich erst über unkontrollierte Assoziationen oder über Träume in Handlungen niederschlagen. Doch die Kulturgeschichte zeigt, dass das Bild als Schnittstelle zwischen den Trägern von gesellschaftlich relevanter Information und den einzelnen Individuen nicht wegzudenken ist, wenn eine breite Bevölkerung angesprochen werden soll. Gerade die Mehrdeutigkeit von Bildern trägt dazu bei, dass sie für die Formung des Bewusstseins eine grosse Rolle spielen (vgl. Schuster, 1992). Selbst bei der Vermittlung von Inhalten, bei denen das Bild kaum eine Rolle spielt, erreicht eine Aussage die Öffentlichkeit leichter, wenn sie von Bildern unterstützt wird. Dies ist die Existenzgrundlage von Zeitschriften wie «Bild der Wissenschaft», und in den Redaktionen von wissenschaftlichen Beilagen wird oft auch dann nach Bildmaterial gesucht, wenn das Bild zum Verständnis des Textes nichts beiträgt. Dies zeigt, dass selbst dann die Identifikation mit einem bebilderten Text leichter geschieht, wenn der Text den ganzen Inhalt transportiert.

Wie sollen wir nun aus einer engagierten ökologischen Perspektive das Bild als Kommunikationsmittel anschauen? Das Wesentlichste ist wohl sein Wirkungspotential auf der emotionellen Ebene, denn Bilder sind in erster Linie wegen ihrer emotionalen Wirkung für das ökologische Handeln relevant. Der kognitiv verarbeitbare Informationsgehalt kann oft präziser in einem Text dargestellt werden als in einem Bild, weil das Bild die Gedanken nicht so genau fokussiert wie ein Text, doch kann eine nur kognitiv und nicht sinnlich aufzunehmende Mitteilung schlecht eingeordnet werden, und viele Leute messen der rein kognitiv erfassbaren Botschaft intuitiv keine hohe Bedeutung bei.

Auch auf der ontologischen Ebene spielt das Bild eine wesentliche Rolle, denn was der Mensch abgebildet gesehen hat, hält er meist für realer als das, was er als Beschreibung zur Kenntnis genommen hat. Die jahrhundertelang praktizierte Darstellung von nicht materiellen Wesen (Engeln, Dämonen und Teufeln) hatte nicht nur den Zweck, mit Analphabeten über diese Wesen zu kommunizieren, sondern auch nicht sichtbare Glaubensinhalte real erfassbar zu machen. Es stellt sich heute die Frage, wie nicht sichtbare ökologische Probleme (z. B. zuviel respektive zuwenig Ozon) bildlich dargestellt werden können, damit sie von breiteren Teilen der Bevölkerung als Realität und nicht nur als wissenschaftliche Theorie aufgefasst werden.

Die hohe Komplexität der ökologischen Probleme erschwert für viele Leute die Orientierung (vgl. den Beitrag von Gessner und Kaufmann-Hayoz in diesem Band). Wenn wir einfach sagen, eine Handlung sei ökologisch richtig, so ist oftmals nicht auszumachen, was das bedeuten soll: Tue ich etwas Positives für die belebte Natur, für die Artenvielfalt oder für die Luftqualität oder für die Erhaltung der Fruchtbarkeit von landwirtschaftlichem Boden? Manchmal widersprechen sich verschiedene Teilziele. Einzelne Massnahmen können kurzfristig in die eine Richtung wirken, langfristig aber in eine andere. Die Aussage, dass alles mit allem zusammenhänge, hilft hier auch nicht weiter, weil das für die konkrete Situation keine Klärung bringt.

Die Praxis der Anwendung von Bildern in öffentlichen Kampagnen, als Titelbilder für ökologische Texte oder in der Werbung zeigt, dass ein wesentlicher Wert von Bildern deshalb in ihrer Möglichkeit liegt, die Orientierung zu fördern, das heisst implizite Antworten auf Fragen wie die folgenden zu geben:

- Muss ich mich vor einer Entwicklung fürchten oder kann ich mich darauf freuen? (der emotionale Aspekt)

- Hat der Tatbestand mit der belebten Natur zu tun oder nicht? (der im engeren Sinne ökologische Aspekt)

- Bin ich mit meiner Sicht allein oder sind wir viele? Ist es ein allgemeines Problem, das alle andern genauso etwas angeht wie mich, oder bin ich ganz speziell angesprochen? (der soziale Aspekt)

- Wird der Aufwand gross sein, um zu einem konkreten Ziel zu gelangen, oder wird er klein sein? (der ökonomische Aspekt)

- Hat das Problem eine Vergangenheit und eine Zukunft, oder ist es nur kurzfristig aktuell? (der historische Aspekt)

Kaum ein Bild wird auf alle diese Fragen zu einem ökologischen Problem präzise Antworten bringen, doch Bilder mischen diese Aspekte und gewichten einen oder mehrere stärker und weisen in eine spezifische Richtung, geben eine Orientierung. Diese Richtung kann auch falsch sein, sie kann in die Irre führen oder tendenziös sein. In der Werbung beispielsweise wird oft versucht, das Produkt als natürlich oder naturverträglich darzustellen. Mit dem häufigen Einbezug der Natur wird selbst in der Autowerbung der Eindruck erweckt, Autos seien für die Natur kein Problem. Kaum je wird ein Auto in seiner normalen Umgebung gezeigt, etwa in einem Stau, vor einer Ampel oder auf Parkplatzsuche.

Das Bild vermag gleichzeitig mit verschiedenen Mitteln zu kommunizieren. Eine ökologisch-funktionale Bildanalyse (im Gegensatz zu einer ästhetischen) versucht zu klären, auf welche der obigen Fragen das Bild Antworten oder Andeutungen gibt, das heisst, inwiefern ein Bild in der ökologischen Problematik eine Orientierungshilfe sein kann. Dabei können die folgenden Elemente und Eigenschaften eines Bildes in Betracht gezogen werden:

- Der *Inhalt* (das Motiv) des Bildes spielt eine grosse Rolle, doch er repräsentiert das, was oft auch mit einem Text mitgeteilt werden könnte, etwa: «Tier» oder: «Fischotter» (vgl. Figur 1).

- Die *Formen* eines Bildes können organisch oder geometrisch sein, sie können mit dem Handstrich einen subjektiven Bezug vermitteln (Figur 2) oder mit einer technisierten oder abstrahierenden Form eine Verfremdung anzeigen.

- Die *Farben* spielen bis in feine Nuancen hinein eine grosse Rolle bei der emotionalen Rezeption. Sie entscheiden, ob ein Bild freundlich oder ablehnend, aufdringlich oder beruhigend stimmt.

- Die *Texturen* eines Bildes oder einer Skulptur können Natürlichkeit herbeiführen oder verfremden, etwa mit der metallenen Oberfläche einer Bronzeskulptur.

- Eine *Vordergrund-Hintergrund-Differenzierung* kann einem Bild auch eine zeitliche Tiefe geben, und sie kann ein Bild dramatisieren (Figur 4). Die Darstellung in nur zwei Dimensionen ist aus verschiedenen Blickwinkeln leichter erkennbar und leicht verständlich. Sie spricht rasch und intensiv an, während ein Bild mit verschiedenen Ebenen eher ein Nachdenken über eine unklare Sache hervorrufen kann (Figur 3).

Aus der Kombination solcher gestalterischer Mittel resultiert eine unendliche Vielfalt von möglichen Antworten auf Orientierungsfragen, von denen einige oben aufgelistet sind. So kann das Bild nebst der kognitiven verarbeitbaren Information Assoziationen mitliefern, die emotional erfasst werden (Natürlichkeit, Beständigkeit, Fülle, Vergangenheit/Zukunft usw.). Dadurch wird der subjektive Bezug erleichtert, wobei es zwischen Bildern zu unterscheiden gilt, die *Freude und Hoffnung* auslösen, und solchen, die *Furcht und Schrecken* verbreiten. Beide haben ihre spezifische Funktion. Wer gefährliche Tatbestände als freundlich oder problemlose Tatbestände als gefährlich darstellt, der verunklärt, verniedlicht oder verketzert, anstatt zu orientieren.

Eine der wichtigsten bildlichen Schnittstellen der spezifisch ökologischen Kommunikation zwischen Individuen und sozialen Systemen sind in der Schweiz die Magazine von Umweltorganisationen, denn in kaum einem Land spielen die privaten Organisationen eine so grosse Rolle wie in der Schweiz. Allein die Magazine von spezifischen Umweltorganisationen erreichen insgesamt mehr als eine Million Auflage. Die Zeitschriften sind das wichtigste Bindeglied zwischen einer Organisation und dem Mitglied, das seinen Beitrag zahlen soll. Vier Beispiele von Titelblättern von solchen Magazinen illustrieren die obigen Aussagen (Figuren 1 bis 4). Auch die Behörden versuchen manchmal, Bilder für die ökologische Kommunikation einzusetzen (Figur 5 bis 8). Sie geben damit oft ungewollt einen Eindruck vom Stellenwert, den die Ökologie bei einer Behörde einnimmt.

Folgerungen und Perspektiven

In den vorangegangenen Abschnitten haben wir versucht, beispielhaft zu illustrieren, wie verschiedene Aspekte von Kultur und kulturellem Wandel analysiert werden könnten. Dabei sollte deutlich zum Ausdruck gekommen sein, dass in unserem Verständnis Kultur von Kommunikation nicht zu trennen ist. Unsere Arbeiten motivieren sich dabei aus der notwendigen Hoffnung, durch die Auseinandersetzung mit Kultur und Kulturwandel dazu beizutragen, die gesellschaftliche Kommunikation in die Richtung einer «ökologischen Kommunikation» voranzutreiben. Um diese Sicht einer ökologischen Kultur ansatzweise zu konkretisieren, werden wir abschliessend darlegen, wie allenfalls eine kulturwissenschaftliche Ökologie entworfen werden könnte.

Im herkömmlichen Sinne ist der Begriff der Ökologie durch die Naturwissenschaft besetzt, die darunter das Wissen um die Interdependenzen zwischen einem System (beispielsweise einem biologischen Organismus) und seiner Umwelt versteht. Indessen werden Umweltprobleme von Menschen verursacht und wahrgenommen; die ökologische Krise ist ein kulturelles Problem (vgl. Renn in diesem Band). Somit stellen sich hohe Ansprüche an die Gesellschaft, wenn es um die Lösung dieser Probleme gehen soll, so dass die rein naturwissenschaftliche Definition von Ökologie durch eine kulturwissenschaftliche Konzeption ergänzt werden muss: Im sozialen Sinnzusammenhang erscheint die Natur nicht in ihrer naturwissenschaftlichen Definition, sondern als interpretierter und emotional belegter Ausschnitt der Welt.

Bei einer kulturwissenschaftlichen Sicht von Ökologie müsste es also darum gehen, die für die Ökologie als Wissenschaft bestimmende schematische Unterteilung von System und Umwelt zu übernehmen, indem jedoch von der Frage ausgegangen würde, welches die Umwelt eines (kulturellen) Systems ist. Aus der kulturwissenschaftlichen Perspektive kann es nicht die «konkrete», durch die Naturwissenschaften ermittelte Natur sein; vielmehr scheint uns ein vielversprechender Ansatz darin zu bestehen, die Umwelt einer

Kultur in einer anderen, noch nicht realisierten Kultur zu suchen, oder anders gesagt: die Umwelt eines kulturellen Sinnsystems wäre demnach nicht «Un-Sinn», nicht das Irrationale, sondern vielmehr anderer, noch nicht realisierter Sinn.

Eine kulturwissenschaftliche Auffassung von Ökologie könnte demnach beschrieben werden als das Wissen um die Interdependenzen zwischen einer Kultur und ihrem Transformationspotential. Dies wiederum führt uns zu einer Sicht einer «ökologischen Kultur», die sich dadurch auszeichnen müsste, dass sie ein erhöhtes Problembewusstsein fördert und gleichzeitig alternative Handlungsmöglichkeiten bereitstellt, um die Probleme auch angemessen anzugehen. Entsprechend besteht ökologische Kommunikation darin, in bezug auf (naturwissenschaftlich) erkannte Umweltprobleme möglichst viele Handlungsalternativen bereitzustellen — und zwar unter Berücksichtigung der Handlungsfolgen und der Entscheidungsfähigkeit der Individuen und Kollektive.

Als Indiz für eine «*un*ökologische Kommunikation» hätte demnach mangelndes Problembewusstsein zu gelten, das den naturwissenschaftlichen Forschungsergebnissen ständig hintennachhinkt, das mit ungenügender Fähigkeit zur Transformation gepaart ist und sich als unfähig erweist, neue Informationen und Diskursformen zu integrieren. Konkret lassen sich diese Defizite am Grad der Fragmentierung gesellschaftlicher Kommunikation in die verschiedenen Diskursformen rechtlicher, politischer, wissenschaftlicher usw. Subsysteme ermessen.

Gegenüber der Auffassung, dass «ökologische Kommunikation» (Luhmann, 1986) unmöglich sei, möchten wir also die Idee einer «ökologischen Kultur» vertreten. Dass wir mit diesem Bestreben nicht allein stehen, zeigt sich daran, dass unter dem Titel «ökologische Kommunikation» (Dresden, Oktober 1993) eine internationale Tagung stattgefunden hat, die 1995 eine Fortsetzung finden soll und dass der Schweizer Werkbund (SWB) im März 1995 eine Tagung zum gleichen Stichwort plant. Diese Veranstaltungen zielen darauf hin, Leute aus Umweltorganisationen, Betroffene, Künstler, Medienschaffende und Wissenschaftler (Luhmann in Dresden eingeschlossen) zusammenzubringen, um damit fragmentierte Diskurse wieder zu verbinden und dadurch die Stosskraft eines ökologischen Engagements zu erhöhen. Die Aufgabe einer geistes- und kulturwissenschaftlichen Ökologie besteht aus unserer Sicht darin, den Blick für die gesellschaftliche Transformationsfähigkeit und für Handlungsalternativen zu schärfen.

Literatur

Beck, U. (1993). *Die Erfindung des Politischen. Zu einer Theorie reflexiver Modernisierung*. Frankfurt a. Main: Suhrkamp.

Eder, K. (1988). *Die Vergesellschaftung der Natur. Studien zur sozialen Evolution der praktischen Vernunft*. Frankfurt a. M.: Suhrkamp.

GAIA (Zeitschrift für) Ökologische Perspektiven in Natur-, Geistes- und Wirtschaftswissenschaften. Heidelberg: Spektrum.

Habermas, J. (1981). *Theorie des kommunikativen Handelns.* 2 Bde. Frankfurt a. M.: Suhrkamp.

Hillmann, K.-H. (1986). *Wertwandel. Zur Frage soziokultureller Voraussetzungen alternativer Lebensformen*. Darmstadt: Wissenschaftliche Buchgesellschaft, 2. Aufl.

Humboldt, W. v. *Schriften zur Sprache*. Stuttgart: Philipp Reclam jun.

Jäggi, C. J. (1993). Der Bezug des Menschen zur Natur in Islam und Baha'itum. Arbeitspapiere zur interreligiösen Umweltethik Nr. 2. Meggen: IKF, Inter-Edition.

Jäggi, C. J. (1994). *Der Bezug des Menschen zur Natur in der New Age-Bewegung und in afrikanischen und indianischen Stammesreligionen*. Meggen: IKF, Inter-Edition.

Krieger, D. J. (1993). *Methodologie*. Arbeitspapiere zur interreligiösen Umweltethik Nr. 1. Meggen: IKF, Inter-Edition.

Krieger, D. (1994). *Der Bezug des Menschen zur Natur im Hinduismus*. Meggen: IKF, Inter-Edition

Lesch, W. (1994). Theologisch-ethischer Entwurf einer Ästhetik der Natur. In: W. Lesch (Hrsg.), *Theologie und ästhetische Erfahrung*. Darmstadt: Wissenschaftliche Buchgesellschaft.

Luhmann, N. (1984). *Soziale Systeme*. Frankfurt a. M.: Suhrkamp.

Luhmann, N. (1994). Interventionen in die Umwelt? Die Gesellschaft kann nur kommunizieren! In: G. De Haan (Hrsg.), *Tagungsbericht der Tagung «ökologische Kommunikation»*, in Dresden im Oktober 1993 (erscheint 1994).

Suster, Martin (1992). *Wodurch Bilder wirken. Psychologie der Kunst*. Köln: DuMont.

Thomas, C. (1994). The Image and the Picture of Ecology. In: Atmanspacher et al. (Eds), *Inside Versus Outside*. Heidelberg: Springer.

White, L., Jr. (1967). The Historical Roots of Our Ecological Crisis. *Science 155(3767)*, 1203–1207.

Figur 1.
Das Titelblatt des «Panda-Journals» (Nr. 2, 1990) des WWF-Schweiz spricht mit dem traditionellen Tierportrait sofort auf der emotionalen Ebene an. Das niedliche Tier erinnert unbewusst an ein Baby, das Hilfe und Schutz erbittet ebenso wie der Panda im Signet. Die Schrift (im Original gelb) kontrastiert dazu mit seiner kurzen, definitiven Aussage.

Figur 2.
Das «A-Bulletin», eine der ältesten Umweltzeitungen der Schweiz, das ein kleines, aber engagiertes Publikum anspricht, bringt mitten im vorweihnachtlichen Rummel (Nr. 322, 17. 12. 1992) den weggeworfenen Weihnachtsbaum: Alles hat seine ungeschminkte Kehrseite. Die schlichte Handzeichnung weist ebenso wie die Handschrift im Zeitungskopf darauf hin, dass eine Zeitschrift für wenige um so persönlicher anspricht.

Figur 3.
Ein Titelblatt des Magazins 3/93 des Bundes für Umwelt und Naturschutz Deutschland (BUND). Die natürlichen Wolkenwirbel, die man normalerweise auf dem «blauen Planeten» sieht, sind durch Banknoten ersetzt. Dadurch entsteht die vielschichtige Aussage über den Widerspruch zwischen der natürlichen Begrenztheit und der wachstumsorientierten Wirtschaft.

Figur 4.
«Greenpeace» (Deutschland, Nr. 2/93) thematisiert den sozialen Aspekt der Umweltproblematik: In grellsten Farben schreit ein konsumgieriges Publikum (symbolisiert mit den Sonnenbrillen), während hinter der Schrift (im Original gelb) eine Landschaft (im Original schwarz-blau) droht.

Figur 5.
Titelblatt ohne Bild: Die Regierung gibt sich nüchtern in der Einstufung der Ökologie, doch jemand hat eine grelle Farbe (im Original leuchtend grün) für den melierten Halbkarton ausgesucht.

Figur 6.
Die Pfeile (im Original rot) und Verschmutzungen (im Original schwarz) signalisieren Gefahr. Das Symbol des «blauen Engels», das gleichzeitig separat abgebildet wird, suggeriert statische Hilflosigkeit gegenüber dem dynamischen Geschehen.

Figur 7.
Der Schweizer Bericht für die Konferenz von Rio 1992 zeigt die majestätischen Alpen, doch sie sind im Original mit einem düsteren Blaustich verfremdet. So ergibt sich ein Kontrast zwischen den zeitlosen, unzerstörbaren Bergen und der fragilen Atmosphäre, denn Wolken und Dunst erinnern an das Thema Luftverschmutzung.

Figur 8.
Die Umwelt-Fachzeitschrift des Kantons Zürich (1990) bringt zum Ausdruck, dass etwas für die nachrückende Generation getan werden muss. Das Schaffell schafft einen unbewussten Naturbezug, und das Gegenlicht, in dem einzelne Haare sichtbar werden, dramatisiert die Aussage des kecken Kindergesichtes. Heute (1994) hat die entsprechende Zeitschrift nur noch Text auf dem Titelblatt. Die Aufbruchstimmung ist vorbei.

Umweltethik zwischen systemtheoretischer Ohnmachtserklärung und demokratischem Handlungsauftrag

Walter Lesch
Moraltheologisches Institut
Universität Fribourg

Environmental ethics has to cope with the economic logic of social systems denying the possibility of long-term individual and collective responsibility for nature. In extreme situations such a negative view on the weak influence of democratic values could lead to some kind of ecological dictatorship. Applied ethics suggests practical norms in order to accompany the inevitable ecological change within the democratic framework of a market system.

Einleitung

Das gegenwärtige Interesse an Wirtschaftsethik wäre kaum denkbar ohne die mit der ökologischen Krise unseres Planeten verbundenen Herausforderungen. Die Zerstörung der natürlichen Grundlagen des Wohlstands ist inzwischen auch in den reichen Gesellschaften eine so evidente Tatsache, dass sich mit Strategien des Verleugnens nur für kurze Zeit eine lästige Debatte verschieben liesse. Mit moralischen Appellen und mit der Einsicht in die Notwendigkeit eines Umdenkens sind aber noch keine Probleme gelöst. Leitbilder wie das vom «ökologischen Umbau der Marktwirtschaft» geben immerhin Suchrichtungen an, auf deren Erforschung sich künftig einige Kräfte konzentrieren sollten. Ich halte ein solches wirtschaftsethisches Leitbild für realistisch, weil es bei den vorhandenen gesellschaftlichen und ökonomischen Potentialen ansetzt und sich den damit verbundenen Entscheidungskonflikten — z. B. Umweltschutz oder Standortsicherung, umweltverträgliche Produkte oder Erhaltung von Arbeitsplätzen — stellen muss. Ethisches Abwägen und Argumentieren hat seinen Ausgangspunkt in Dilemmasituationen, die sich nicht selten als tragische Entscheidungskonflikte erweisen. Leider wird die Kompetenz der Ethik häufig an der illusorischen Erwartung gemessen, Rezepte für Wege aus der Krise zu liefern. Entsprechend gross ist die (manchmal nicht sehr glaubwürdig gespielte) Enttäuschung, wenn die Ethik weder die grandiose Rolle der Krisenlöserin noch die Narrenrolle der ewigen Mahnerin spielt, sondern sich argumentativ auf die Sachlogik von Systemen und Lebenswelten einlässt.

Die Umweltkrise konfrontiert uns mit der unbequemen Situation, dass ein Nachdenken über moralische Standards unvermeidlich ist, aber nicht unbedingt zu den von allen akzeptierten Lösungsvorschlägen führt. In solchen Fällen ist es eine beliebte Strategie, Schuldzuweisungen je nach Bedarf an die Adresse der Individuen oder der systemischen Zwänge zu richten, wobei es die Tendenz gibt, den angeblich moralfreien Automatismus von Systemfunktionen fatalistisch hinzunehmen. Ohne dies hier begründen zu können, setze ich voraus, dass die ethikneutrale Unschuld einer reinen, rationalen Ökonomie noch nie existiert hat. Wirtschaftliches Handeln schafft «Werte» — in moralischer und ökonomischer Hinsicht — und impliziert immer schon Wertentscheidungen. Insofern ist Ökonomie, ganz gleich auf welche Ebene sie sich bezieht (auf individuelle Konsumentscheidungen, betriebliche Zielsetzungen oder wirtschaftspolitische Rahmenbedingungen), sinnvollerweise als Politische Ökonomie zu konzipieren, in der die moralische Dimension komplexer Handlungskoordination von Anfang an Berücksichtigung findet.

Das Schreckgespenst der Ökodiktatur

Beim Sprechen über die Gefährdung und Bewahrung der Umwelt gibt es ein umstrittenes und moralisch aufgeladenes Thema, dessen Logik ich mit meinen Ausführungen ein wenig nachspüren möchte, um die Spannung zwischen individueller Handlungskompetenz und Ohnmacht zu verdeutlichen. Es ist das Gespenst der Ökodiktatur, das immer dann auftaucht, wenn das Vertrauen in unsere politischen und wirtschaftlichen Steuerungsmöglichkeiten in der Umweltkrise einen neuen Tiefpunkt erreicht. Ist es realistisch, so lautet die bange Frage, mit demokratischen Verfahren einen optimalen Umweltschutz zu garantieren und zugleich die rechtsstaatlichen Prämissen und ökonomischen Optionen der Wohlstandsgesellschaft nicht anzutasten? Mit dieser Sorge sind zwei Einsichten verbunden: zum einen das Eingeständnis, dass wir die Bedrohung unserer natürlichen Lebensgrundlagen nicht länger wegdefinieren können (freilich ist diese Einsicht noch immer nicht bei allen Entscheidungsträgern selbstverständlich); zum anderen das Bewusstsein, dass die vorhandenen politischen Lösungsversuche nicht den gewünschten Erfolg bringen. In einer solchen Situation ist es nicht überraschend, wenn das geduldige und illusionslose Engagement für ökologische Belange an Grenzen der Motivation stösst und in den Ruf nach wirkungsvolleren Massnahmen umkippen kann. Bei der Forderung nach einer effizienten und kompromisslosen Umweltpolitik können sich durchaus sehr unterschiedliche Erwartungen vermischen. Es gibt fundamentalistische Sehnsüchte nach einem starken politischen System, das endlich den Menschen von seiner Herrscher- und

Ausbeuterposition verdrängen soll, um die «natürlichen» Selbstheilungskräfte der Ökosysteme zu aktivieren. Es gibt aber auch realistische Szenarien, die vor allem die Funktion haben, müde Bürgerinnen und Bürger aufzurütteln und zur Nutzung ihrer demokratischen Handlungsspielräume zu bewegen. Wir werden also immer fragen müssen, welches Interesse hinter Schreckensvisionen steht, die sich politisch fatal auswirken können.

Ein literarisches Beispiel für eine negative Öko-Utopie ist der Roman des Journalisten Dirk C. Fleck «Go! Die Öko-Diktatur» (1993). Ich überlasse es der Literaturkritik, die schriftstellerischen Qualitäten des Autors und die vollmundige Werbung des Verlags («ein potentielles Kultbuch») zu beurteilen. Ich möchte jedoch nicht verhehlen, dass mich das Buch sehr stark angesprochen hat. Die Handlung spielt im Jahr 2040 im Europa der GO-Staaten (GO steht für «General Observer»), einer Art Nachfolgeorganisation der EU, die nach einer unaufhaltbaren Umweltverseuchung und Katastrophen in Kernkraftwerken kollabiert und nach einem faschistischen Intermezzo in einen von radikalen Öko-Räten regierten Staatenbund übergeführt wird. Unter dem Motto «Erst die Erde, dann der Mensch!» wird ein Krisenmanagement erprobt, das eindeutig nichts mit unseren Vorstellungen von liberaler Demokratie und Rechtsstaatlichkeit zu tun hat, das aber eigentlich auch den Terror faschistischer oder stalinistischer Regime vermeiden möchte. In sogenannten Meditationskommunen suchen Menschen nach der spirituellen Weisheit von alten Kulturen, die von der wissenschaftlich-technischen Zivilisation an den Rand gedrängt worden waren. Und dennoch gibt es auch in diesem mit positiven Visionen angereicherten Modell den unvermeidlichen Verlust von Freiheitsrechten, die Brutalität einer verhaltensmanipulierten Armee und die erbarmungslose Abschottung der europäischen Festung gegen den Rest der Welt. Ethische Konzepte lassen sich schliesslich auch für die Rechtfertigung solcher Verhältnisse instrumentalisieren. Die Nachfrage nach Ethik steigt in Zeiten der Krise und treibt am Rande des Abgrunds besondere Blüten. Wie sind in einer derartigen Lage rationale und verbindliche Handlungsorientierungen möglich?

Ein systemtheoretischer Zugang

Eine konsequente Darlegung der pessimistischen Diagnose begrenzter politischer Problemlösungskompetenz finden wir beispielsweise in der Theorie der Steuerungssysteme, die von Niklas Luhmann (1986) vertreten wird. Die Übernahme seines Ansatzes wäre allerdings das Ende einer jeden politischen Ethik: nämlich die Erklärung der eigenen Ohnmacht. Es kann nicht verwundern, dass Luhmann von so exotischen Phänomenen wie Umweltethik oder neuen sozialen Bewegungen keine besonders gute Meinung hat. Denn aus seiner Sicht wird dort ja nicht respektiert, dass die einzelnen Subsysteme mit ihren jeweils eigenen Codierungen funktionieren und folglich nicht auf andere Codes umstellen können.

Wer bei der Lösung komplizierter Wirtschaftsfragen bei der Moral Zuflucht suche, der verkenne — so Luhmann — die Komplexität der Steuerungsprobleme in der modernen Industriegesellschaft und müsse mit seinen Appellen notgedrungen scheitern. Die Klagen über ungerechte Strukturen gehen ins Leere, wenn versäumt wird, die ausdifferenzierten Funktionssysteme der Gesellschaft in ihrer spezifischen Eigendynamik zu analysieren. Auch die Wirtschaft ist ein solches autonom operierendes System, das sich selbst reguliert und bei Eingriffen von aussen nur über eine begrenzte Resonanzfähigkeit verfügt, da alle systeminternen Operationen allein durch Preise reguliert werden. Durch die Monetarisierung — Geld als symbolisch generalisiertes Medium! — konstituiert sich die Wirtschaft als ein zirkulärer Kommunikationszusammenhang, in dem Komplexität reduziert werden kann. Nur so entsteht ein leistungsfähiges Funktionssystem, das nach dem Code Haben/Nichthaben bzw. Zahlen/Nichtzahlen abläuft und folglich alle Störungen ausschalten kann, die nicht nach diesem Code funktionieren, z. B. ökologische Probleme.

Nach Luhmanns Auffassung reagiert die Gesellschaft auf die ökologische Krise inadäquat, wenn sie sich von Gefühlsausbrüchen und «Angstkommunikation» eine Änderung des Systems erhofft. «*Der Schlüssel des ökologischen Problems liegt, was Wirtschaft betrifft, in der Sprache der Preise. Durch diese Sprache wird vorweg alles gefiltert, was in der Wirtschaft geschieht, wenn die Preise sich ändern bzw. nicht ändern. Auf Störungen, die sich nicht in dieser Sprache ausdrücken lassen, kann die Wirtschaft nicht reagieren — jedenfalls nicht mit der intakten Struktur eines ausdifferenzierten Funktionssystems der Gesellschaft. Die Alternative ist: Destruktion der Geldwirtschaft mit unabsehbaren Folgen für das System der modernen Gesellschaft.*» (Luhmann, 1986, S. 122). Vor diesem Hintergrund ist zu verstehen, dass Luhmann von einer Umwelt- bzw. Wirtschaftsethik so gut wie nichts erwartet, da Ethik über keinerlei Kompetenz verfüge, mit den Paradoxien und den zweifellos auch negativen Effekten der Wirtschaft umzugehen. Einem rational gesteuerten System müsste es im günstigsten Fall gelingen, externe Effekte zu absorbieren und intern zu bearbeiten. «Bevor man vorschnell (und vermutlich ohne Erfolg) auf ‹Ethik› umschaltet und in den Ruf nach ‹gesellschaftlicher Verantwortung› der Wirtschaft einstimmt, müssen diese strukturellen und logischen Probleme, wenn nicht geklärt, so doch zumindest aufgedeckt werden; denn sonst dienen ethische Formulierungen lediglich als eine Art Blitzableiter, die den Zorn am Hause vorbei in den Boden leiten, ohne viel Schaden anzurichten» (Luhmann, 1988, S. 84 f.).

Die von Luhmann vertretene Systemtheorie erweist sich somit als eine besonders kohärente Variante einer Zwei-Welten-Konzeption, da der Graben zwischen Ethik und Ökonomie durch spezifische Funktionscodes und Begrenzungen der Resonanzfähigkeit so sehr zementiert wird, dass es utopisch erscheinen muss, auf die Anpassungsfähigkeit des Systems im Falle äusserster ökologischer Gefährdung zu hoffen. Autopoiesis, die Selbstreproduktion eines geschlossenen Systems, schliesst die Gefahr der Selbstzerstörung dieses Systems ein. Wenn Luhmann seine Theorie nun aber so provokativ auf die Spitze treibt, stellt sich erst recht die Frage nach den Spielräumen und der Rationalität ethischer Interventionen, die mehr sein wollen als blosse Moralpredigten. Sicherlich könnte die Ethik von der systemtheoretischen Herausforderung lernen, die Paradoxien des ökonomischen Systems ernster zu nehmen und Normierungsvorschläge an den widersprüchlichen Gegebenheiten des Wirtschaftens zu messen. Dann wäre es eventuell möglich, eine Verbindung zwischen den zwei Welten von Wirtschaft und Ethik herzustellen.

Eine relativ grosse Plausibilität hat der ökonomische Erklärungsversuch des Konflikts zwischen Eigennutz und Gemeinnutz, der sich auch bei moralisch inkonsequentem Umweltverhalten beobachten lässt: Demnach wirkt sich der Unterschied zwischen privaten und öffentlichen Gütern so aus, dass im privaten Bereich die Marktlogik eines rationalen Gewinnstrebens gilt, das auch einen sorgsamen Umgang mit den wertvollen Waren einschliesst, während wir kostenlose öffentliche Güter hemmungslos verbrauchen, weil wir ihren Wert ja nicht in Form eines zu zahlenden Preises kalkulieren müssen («Trittbrettfahrerproblem»).

Die Bereitschaft zu einem bedingungslos moralischen Handeln ist in Frage gestellt, wenn der Handelnde vermutet, «der Dumme zu sein», weil er allein sich an die Regeln hält (Isolationsparadox). Es wäre also besser, wenn alle die Regeln einhielten, da dies die Interaktion und die Kalkulierbarkeit der Handlungsfolgen erleichtern würde. Moral in der Wirtschaft würde somit Verlässlichkeit garantieren und hätte einen kostensenkenden Effekt. Nach der Meinung des Trittbrettfahrers ist es aber noch besser, wenn alle ausser ihm sich an die Regeln halten, so dass er im Schutz der Anonymität von den gesamtgesellschaftlichen Vorteilen der Regelbefolgung profitieren kann. Eine ökonomische Begründung der Moral muss deshalb vor allem an der Logik des kollektiven Handelns (Olson, 1968) interessiert sein, da ein Wirtschaftssystem langfristig nicht überlebt, wenn sich die einzelnen Wirtschaftssubjekte wechselseitig überlisten oder liquidieren; der Erfolg wird davon abhängen, dass faire Tauschverträge und Kooperationsstrategien erarbeitet werden, die letztlich im Gesellschaftsvertrag einer gerechten Rahmenordnung ihren normativen Bezugspunkt haben. Die Ökonomie leistet ihren Beitrag zur Begründung von Moral, indem sie nicht nur ein Ethos der individuellen Freiheit propagiert, sondern zum Schutz dieser Freiheit Moral als öffentliches Gut in einer konstitutionellen Ordnung postuliert — einer Ordnung, die auch die Eigentumsrechte und Wettbewerbsregeln festschreibt.

Die Frage nach der Moral in der Wirtschaft führt uns also mehr oder weniger zwangsläufig zu politischen Fragen, die aus der sozialethischen Auseinandersetzung mit dem Wirtschaftsliberalismus teilweise bekannt sind. Jene frühere Debatte über die Grenzen des marktwirtschaftlichen Paradigmas hatte zum Modell des Sozialstaats geführt, das übrigens gerade heute alles andere als gefestigt und gesichert ist. Die moralische

Antwort auf die ökologische Krise dürfte sehr wahrscheinlich analog zum sozialstaatlichen Gesellschaftsvertrag ausfallen: nämlich als dessen Erweiterung zu einem «Naturvertrag» (Serres, 1992), wobei auch dieser nicht ohne ein Minimun an staatlicher Lenkungskompetenz garantiert werden kann. Die vertragstheoretische Konstruktion von Umweltgerechtigkeit wird allerdings auf die Schwierigkeit stossen, dass wir in unserer anthropozentrischen Kultur Tiere und Pflanzen nicht als Rechtssubjekte anerkennen (Bosselmann, 1992).

Chancen demokratischer Verantwortung

Wie aber soll ein konstruktiver ethischer Beitrag zur Ökonomie aussehen? Liegt er auf der Ebene der individuellen Werthaltungen, der innerbetrieblichen Richtlinien oder der gesellschaftlichen Regelungen? Dient er der Kompensation bereits eingetretener Schäden? Oder kann er tatsächlich präventiv wirken? Und wer sind die Adressaten? Spitzenmanager, Firmenchefs, abhängig Beschäftigte? Wir können dieses Problem als «Tausendfüsslersyndrom» bezeichnen. Es gehört zu den grössten Schwierigkeiten einer anwendungsorientierten Ethik, den Gegenstandsbereich und die Personen und Personengruppen exakt zu definieren. Wo immer eine Verantwortlichkeit benannt wird, muss auch schon wieder deren Abhängigkeit von anderen Instanzen einkalkuliert werden. Von einer eleganten und funktionierenden Koordination der Argumente und der verbindlichen Vereinbarungen kann bisher noch kaum die Rede sein.

Es wäre eine billige Ausrede, sich als Ethiker immer nur in die dünne Luft metaethischer Begriffsklärungen zurückziehen zu wollen. Schliesslich muss eine normative Ethik nicht deshalb an der Ohnmacht des Sollens verzweifeln, weil sie sich ständig an unerreichbaren idealen Normen abarbeitet. Einen gangbaren Weg zur Orientierung für den Normalfall nichtidealer Akteure beschreitet Dieter Birnbacher mit seinem Plädoyer für «Praxisnormen» der Zukunftsverantwortung (Birnbacher, 1988): «*1. Sie müssen die Komplexität der nach den idealen Normen anzustellenden Erwägungen reduzieren, also wesentlich einfacher sein; 2. Sie müssen sich mit Wertvorstellungen verknüpfen lassen, die eine hohe eigenständige Motivationskraft besitzen.*» (Birnbacher, 1988, S. 199). Birnbachers Liste sieht folgendermassen aus:

- Keine Gefährdung der Gattungsexistenz des Menschen und der höheren Tiere: kollektive Selbsterhaltung.
- Keine Gefährdung einer zukünftigen menschenwürdigen Existenz: Nil nocere.
- Keine zusätzlichen irreversiblen Risiken: Wachsamkeit.
- Erhaltung und Verbesserung der vorgefundenen natürlichen und kulturellen Ressourcen: Bebauen und Bewahren.
- Unterstützung anderer bei der Verfolgung zukunftsorientierter Ziele: Subsidiarität.

– Erziehung der nachfolgenden Generationen im Sinne der Praxisnormen.

Im Anschluss an die Erläuterung dieser Praxisnormen geht Birnbacher ausdrücklich auf die Anwendungsprobleme ein, die sich in einer Demokratie stellen (Birnbacher, 1988, S. 258-268), und beschäftigt sich mit folgenden Einwänden:

a) Demokratische Entscheidungen haben keinen weiteren Zeithorizont als private ökonomische Entscheidungen. Gegen diese Vermutung spricht jedoch die Tatsache, dass wir zu Verzichten eher bereit sind, wenn auch andere verzichten. Genau diese Koordination soll ja im öffentlichen Raum erreicht werden, in dem die Profitlogik des eigenen Vorteils nicht gelten sollte. Es gibt zahlreiche Beispiele dafür, dass wir im Sinne einer Fremdbin4dung dem Staat paternalistische Eingriffe in unsere sonst so unerbittlich verteidigte persönliche Freiheit durchaus zugestehen (Steuerpolitik, Gesundheitswesen, Verkehrspolitik).

b) Regierende denken nicht über den nächsten Wahltermin hinaus. Aber autokratische Systeme zeichnen sich keineswegs durch eine grössere Zukunftsvorsorge aus. Politischer Alltag in einer repräsentativen Demokratie bezieht sich ohnehin zu einem grossen Teil auf Infrastrukturleistungen, die unabhängig von kurzfristigen Präferenzen realisiert werden müssen. «*Die Ermöglichung langfristiger Entscheidungen, die den Zeithorizont der individuellen Wähler überschreiten, ist eines der stärksten Argumente für die indirekte Demokratie. Indem die Kontrolle der Exekutive nicht unmittelbar bei den Wählern, sondern bei den gewählten Repräsentanten liegt, die jeweils nur ihrem eigenen Gewissen verpflichtet sind, besteht zumindest im Prinzip die Möglichkeit, einen etwaigen Druck der Basis in Richtung auf eine stärkere Gegenwartsorientierung abzufangen oder zu mildern.*» (Birnbacher, 1988, S. 263). Im Kontext des politischen Systems der Schweiz bedürfte eine solche These freilich noch einer gründlichen Diskussion.

Um die Vertretung der Zukünftigen bei aktuellen politischen Entscheidungen zu verbessern, spricht sich Birnbacher für Modelle der «Advokatenplanung» aus, die als institutionalisierte Grösse im politischen Kräftespiel die Interessen derjenigen zu artikulieren hätte, die an für sie relevanten Planungen (noch) nicht teilnehmen können. Wenn die Ethik auf dem skizzierten Weg Argumente dafür geltend machen kann, dass Zukunftsvorsorge und Markt, Zukunftsplanung und Demokratie einander nicht ausschliessen, dann besteht durchaus die Hoffnung, dass der Entwurf eines wirtschaftsethischen Leitbilds für Wege aus der ökologischen Krise nicht ganz vergeblich ist.

Die hier vorgestellten Überlegungen sind als eine Einladung zu verstehen, Ökologie als Gesellschaftsprojekt zu begreifen, nicht als Biologismus oder Metaphysikersatz. Eine ökologische Wirtschaftsethik berührt den moralischen Kern der Demokratietheorie: die Legitimität kollektiver Entscheidungsprozesse (Habermas, 1992), in denen die auf umweltgerechtes Handeln zielenden Motivationen mündiger Individuen verstärkt werden. Deshalb ist es auch nicht ganz belanglos, wie die theoretische Fundierung einer Wirtschaftsethik aussieht. Dem unvermeidlichen Zweifel am Sinn und Zweck einer derartigen Theoriearbeit sei abschliessend eine treffende Bemerkung von Antje Vollmer entgegengehalten: «*Ökodiktatur vermeiden — auch im Kopf.*» (Vollmer, 1992).

Literatur

Birnbacher, D. (1988). *Verantwortung für zukünftige Generationen.* Stuttgart: Reclam.

Bosselmann, K. (1992). *Im Namen der Natur. Der Weg zum ökologischen Rechtsstaat.* Bern: Scherz.

Fleck, D. C. (1993). *Go! Die Öko-Diktatur.* Hamburg: Rasch und Röhring.

Habermas, J. (1992). *Faktizität und Geltung. Beiträge zur Diskurstheorie des Rechts und des demokratischen Rechtsstaats.* Frankfurt a. M.: Suhrkamp.

Luhmann, N. (1986). *Ökologische Kommunikation.* Opladen: Westdeutscher Verlag.

Luhmann, N. (1988). *Die Wirtschaft der Gesellschaft.* Frankfurt a. M.: Suhrkamp.

Olson, M. (1968). *Die Logik des kollektiven Handelns.* Tübingen: Mohr.

Serres, M. (1992). *Le contrat naturel.* Paris: Flammarion.

Vollmer, A. (1992). Ökodiktatur vermeiden — auch im Kopf. In: *Jahrbuch Ökologie 1993* (S. 211–214). München: Beck.

Anschriften der Autorinnen und Autoren

Ursula Brechbühl, lic.phil., Geographisches Institut, Universität Bern, Hallerstrasse 12, CH-3012 Bern

Danielle Bütschi, lic.phil., Département de science politique, Université de Genève, boulevard Carl Vogt 102, CH-1211 Genève 4

Urs Fuhrer, Prof. Dr. phil., Otto-von-Guericke-Universität, Fakultät für Geistes-, Sozial- und Erziehungswissenschaften, Institut für Psychologie, PSF 4120, D-39016 Magdeburg

Wolfgang Gessner, Dipl.-Psych., Universität Bern, IKAÖ, Niesenweg 6, CH-3012 Bern

Ruth Kaufmann-Hayoz, Prof.Dr.phil., Universität Bern, IKAÖ, Niesenweg 6, CH-3012 Bern

David Krieger, Institut für Kommunikationsforschung, Bahnhofstrasse 8, CH-6045 Meggen

Hanspeter Kriesi, Prof.Dr., Département de science politique, Université de Genève, boulevard Carl Vogt 102, CH-1211 Genève 4

Walter Lesch, Dr.theol., Universität Freiburg, Moraltheologisches Institut, Rue Saint-Michel 6, CH-1700 Freiburg

Markus Maggi, cand.phil., Universität Bern, Institut für Psychologie, Muesmattstrasse 45, CH-3000 Bern 9

Hans-Joachim Mosler, Dr.phil., Universität Zürich, Psychologisches Institut, Abt. Sozialpsychologie, Plattenstrasse 14, CH-8032 Zürich

Ortwin Renn, Prof. Dr. phil., Akademie für Technologiefolgenabschätzung in Baden-Würtemberg, Nobelstrasse 15, D-70569 Stuttgart

Lucienne Rey, Dr. phil., Universität Bern, Geographisches Institut, Hallerstrasse 12, CH-3012 Bern

Iris Seiler, lic.phil., Universität Bern, Institut für Psychologie, Muesmattstrasse 45, CH-3000 Bern 9

Paul C. Stern, Prof. Dr., National Academy of Sciences, 2101 Constitution Ave. NW, Washington DC 20418, U.S.A.

Christian Thomas, Dr., Gratstrasse 3 a, CH-8138 Uetliberg

Marcel Weber, Universität Basel, Biozentrum, Klingelbergstrasse 70, CH-4056 Basel

Die Dokumentation der großen Rio-Nachfolgekonferenz in London, 1993.

John Gordon / Tom Bigg
Nach dem Erdgipfel von Rio – eine Zwischenbilanz
Britisch-deutsche Notizen zur Umsetzung
1995. 112 Seiten. Broschur
ISBN 3-7643-5126-8

Zwei Jahre nach dem Erdgipfel von Rio de Janeiro hat sich der 'Geist von Rio' verflüchtigt. Geblieben ist die Erkenntnis, daß auf dem Weg zu einer globalen Umweltpolitik von den Industrieländern weitgehende und nachvollziehbare Schritte getan werden müssen.

1993 fand in London eine große Nachfolgekonferenz statt, an der 500 Persönlichkeiten aus Wissenschaft, Wirtschaft, Politik und den Medien internationale Umsetzungsschritte diskutierten. Der besondere Reiz dieser Veranstaltung lag in der hochkarätigen Besetzung: Neben Umweltminister Töpfer, Ernst Ulrich von Weizsäcker und dem britischen Umweltminister Gummer, nahmen u.a. auch Monika Griefhahn, Paul Ekins und Christian Schütze von der Süddeutschen Zeitung teil.

Nach dem Erdgipfel von Rio de Janeiro faßt die Diskussionen und Fachgespräche der Londoner Konferenz zusammen: Welche Umorientierungen müssen Deutsche und Engländer in den kommenden dreißig Jahren in Politik und Alltag vollziehen? Wie sind die unvermeidlichen Hindernisse zu überwinden, die sich vor dem Hintergrund unterschiedlicher Politiksysteme in beiden Ländern ergeben? Wie kann ökologische Politik dazu beitragen, die Rezession zu überwinden?
Die in Rio beschlossene «Agenda 21» stellt konkrete Anforderungen an die Politik: Mit ihrem Gedankenaustausch haben Großbritannien und Deutschland einen ersten Schritt zur Umsetzung getan.

John Gordon ist Vizedirektor und politischer Leiter des Global Environment Research Centre am Imperial College.
Tom Bigg ist Mitarbeiter des United Nations Environment and Development UK Committee.

Der Herausgeber der deutschen Ausgabe: Raimund Bleischwitz gehörte dem Arbeitsausschuß des Nationalen Komitees der Bundesregierung zur Vorbereitung des Erdgipfels in Rio an. Er ist Mitarbeiter des Wuppertal Institutes und dort für wissenschaftliche Planung und Koordination verantwortlich.

Birkhäuser Verlag • Basel • Boston • Berlin